Kassu Sileyew
Daniel Kitaw
Gulelat Gatew

Acidentes rodoviários e segurança rodoviária de Adis Abeba a Hawassa

Kassu Sileyew
Daniel Kitaw
Gulelat Gatew

Acidentes rodoviários e segurança rodoviária de Adis Abeba a Hawassa

ScienciaScripts

Cover image: www.ingimage.com

This book is a translation from the original published under ISBN 978-3-659-44331-2.

Publisher:
Sciencia Scripts
is a trademark of
Dodo Books Indian Ocean Ltd. and OmniScriptum S.R.L publishing group

120 High Road, East Finchley, London, N2 9ED, United Kingdom
Str. Armeneasca 28/1, office 1, Chisinau MD-2012, Republic of Moldova, Europe
Printed at: see last page
ISBN: 978-620-8-12267-6

Índice:

Agradecimentos

Em primeiro lugar, o meu principal agradecimento vai para o Senhor, Deus, e tenho o maior respeito e agradecimento pelos meus orientadores, Dr. - Ing. Daniel Kitaw, Professor Associado do Departamento de Engenharia Mecânica, pelas suas orientações, instruções, conselhos, dando esta oportunidade e apoio ao longo de toda a dissertação. Sinto que tive muita sorte em trabalhar com alguém como ele.

Agradeço profundamente ao meu Co-orientador, Sr. Gulelat Gatew, por tudo o que me proporcionou na avaliação semanal e pelo meu progresso durante a minha estadia na universidade no trabalho de dissertação; e também quero agradecer o seu valioso comentário que me faz pensar fora da caixa, o que contribui muito para a qualidade do meu trabalho.

Em terceiro lugar, gostaria de agradecer a Ato Abebe Asrat, da Ethiopian Transport Authority, que me ajudou a editar o documento e a comentar com os dados necessários.

Em seguida, os meus agradecimentos ao Gabinete de Polícia de East Shewa, à Comissão de Polícia de Oromia, à Comissão de Polícia de Adis Abeba, à Autoridade Rodoviária da Etiópia, à Autoridade de Transportes da Etiópia e aos centros regionais de polícia.

Estou grato ao meu irmão Tesfaye Jilcha (Abera) por ter feito o sol brilhar mesmo nos dias mais nublados, através do seu apoio monetário, e ao meu irmão Girma Jilcha, já falecido (Deus o abençoe), e à sua esposa W/O Tejitu Teshager por partilharem a minha vida com todo o material e ideias necessárias. Tenho sorte em ter-vos.

Agradeço muito aos meus colegas pelas suas inestimáveis partilhas de ideias Shewit, Dagne, Yenehun, Gezahegn, Netsanet, Ephrem, Desaleng, Tibebu, Tsige, Mihiret e outros.

Por último, agradeço à W/O Yeshi Ayele o apoio do PC na edição e compilação do documento com a sua valiosa partilha de ideias.

Kassu Jilcha

Adis Abeba, setembro de 2009

Resumo

Esta tese discute o problema crescente dos acidentes rodoviários, particularmente nas estradas de Gelan a Tukurwuha, com especial referência à magnitude, factores de risco, intervenções e possíveis soluções para tantos problemas dos acidentes rodoviários. O Relatório sobre a Saúde no Mundo de 2004 mostra que, dos 1,2 milhões de pessoas mortas em acidentes rodoviários em todo o mundo, 85% são de países em desenvolvimento.

A polícia de trânsito da Etiópia refere normalmente o erro humano, o ambiente rodoviário e os factores relacionados com os veículos como as principais causas dos acidentes rodoviários. No entanto, existe pouca documentação disponível sobre os factores subjacentes mais amplos, tais como deficiências nas alterações dos breviários, legislação e aplicação ineficazes em matéria de segurança rodoviária, sistemas de recolha e gestão de dados e infra-estruturas médicas inadequadas para a gestão pós-lesão no nosso país. Embora tenha sido aplicada com êxito uma série de intervenções no domínio da segurança rodoviária, poucas tentativas foram feitas para as promover e implementar. Todos os anos, cerca de 400 pessoas morrem nas estradas de Oromia e outras sofrem ferimentos ligeiros e graves [Serviço Central da Polícia Federal]. Os governos lançaram várias campanhas, como "Pense!" e a Campanha de Segurança Rodoviária (CSR), para ajudar as pessoas a tomar consciência das questões de segurança rodoviária e tentar reduzir os acidentes rodoviários.

Este estudo procura analisar os acidentes de viação e desenvolver estratégias preventivas e possíveis medidas de combate para o itinerário selecionado. Esta tese tem funções principais. O objetivo é fornecer aos utilizadores uma compreensão das principais causas dos acidentes de viação e apresentar utilizando várias ferramentas estatísticas. O sistema, se for desenvolvido para incluir toda a rede de Galan a Tukurwuha, apoiará vários grupos-alvo, nomeadamente todos os utentes da estrada, a polícia de trânsito e os serviços de emergência e de bombeiros, bem como as companhias de seguros e o governo local. O sistema ideal dará às pessoas sugestões úteis sobre a forma de melhorar o planeamento rodoviário e a gestão do tráfego. Neste documento, é feito um levantamento dos actuais modelos de previsão e técnicas de visualização. O estudo é composto por duas partes principais: a primeira parte apresenta pormenores sobre a situação dos acidentes rodoviários nas vias de implementação da gestão do tráfego rodoviário. Em conclusão, o documento destaca o contexto do problema crescente de lesões causadas pelo tráfego rodoviário nas zonas rurais e urbanas ao longo destas rotas e fornece algumas bases para técnicas de minimização de acidentes.

Capítulo 1

1. O problema e a sua abordagem

1.1 Antecedentes do estudo

O transporte de veículos a motor teve início na Etiópia em 1901 E.C. Em 1904, o rei austríaco ofereceu um camião de rolos de estrada a Atse Minilek. Em 1907 E.C., foram trazidos para a Etiópia outros veículos a motor de Inglaterra e da Alemanha (14).

Dado que os transportes têm muitas utilizações económicas e sociais, em muitas cidades actuais geram também custos sociais e económicos significativos. Estes custos resultam dos efeitos externos do sistema de tráfego, nomeadamente acidentes, congestionamento, consumo de espaço público, poluição atmosférica, ruído e perturbação da interação social e económica (1, 2). Estas externalidades do tráfego são especialmente pertinentes nas zonas urbanas, porque aqui as densidades espaciais são elevadas e as redes de infra-estruturas são mais intensamente utilizadas.

Conduzir na Etiópia é difícil e constitui um grave problema de segurança. Os acidentes com veículos a motor (MVA), tanto graves como mortais, são um problema comum. As velocidades elevadas, as más condições das estradas, o desrespeito geral pelo direito de passagem por parte de outros automobilistas e peões, bem como a circulação descontrolada de gado na estrada são causas que contribuem para os acidentes de viação. Os pequenos camiões sobrecarregados pertencentes a operadores de transporte independentes estão envolvidos ou causam numerosos acidentes devido à sua elevada velocidade e à fadiga do condutor. A elevada intensidade de tráfego aumenta a ocorrência de acidentes no local de estudo e no país em geral.

O local de estudo mostra que a taxa de acidentes está a aumentar de tempos a tempos, como mostra a população da intensidade do tráfego da Autoridade Rodoviária Etíope. O número de acidentes de viação é especialmente elevado entre as estradas de Addis Abeba e Modjo, devido à proximidade das estradas da capital e do porto do país e ao facto de todos os veículos se encontrarem no mesmo cruzamento no distrito de Modjo.

A maior parte dos acidentes registados na análise deve-se à velocidade e à falta de cuidado dos condutores na região de Oromia, desde Gelan, abaixo de Adis Abeba, até à região de Tukurwuha, perto de Hawassa. Na maior parte dos estudos, os condutores têm o hábito de beber álcool, fumar e mastigar tabaco, o que os leva a sofrer acidentes involuntários.

O problema da conceção da rede rodoviária, a avaria dos veículos, a velocidade dos condutores e outros factores na região de Oromia agravaram a procura de mecanismos que pudessem resolver o problema dos acidentes de viação na região de Oromia. Mas os dois problemas mencionados, que são a conceção da rede rodoviária e a avaria dos veículos, podem não ser a primeira questão na situação atual destas estradas. A questão atual deve concentrar-se nos condutores.

De acordo com as conferências realizadas em 1999 pelo Dr. Mesfine Bantayehu, a Etiópia é o **primeiro** país do mundo em termos de taxa de acidentes rodoviários com vítimas mortais. Por conseguinte, identificar estes males não é suficiente, a menos que encontremos um mecanismo rápido que resolva a elevada taxa de crescimento dos acidentes rodoviários no nosso país, a Etiópia.

As estratégias de prevenção e as potenciais contra-medidas devem ser tomadas rapidamente por todos, através da sensibilização e da criação de programas de formação para condutores, peões e todos os utentes da estrada. As estratégias e as contra-medidas utilizadas para reduzir ou minimizar os acidentes podem ser classificadas como estratégias a longo e a curto prazo na parte da discussão sobre as contra-medidas. A partir de todo o corpo da discussão, as conclusões e recomendações são tiradas com base nos resultados.

1.2 O enunciado dos problemas

Embora os acidentes rodoviários constituam um importante problema de saúde pública a nível mundial, a maior parte ocorre em países de baixo e médio rendimento, incluindo a Etiópia. Os peões e os passageiros de veículos comerciais são os mais vulneráveis na Etiópia, ao passo que nos países de rendimento elevado os acidentes envolvem principalmente veículos privados, sendo o condutor o principal ocupante do veículo ferido ou morto. Nos Estados Unidos da América, por exemplo, 60% das vítimas mortais são condutores de automóveis, ao passo que na Etiópia, 5% são condutores. Isto significa que, num acidente, o número de pessoas mortas ou feridas na Etiópia é cerca de 30 vezes superior ao dos EUA [7, 23]. A rede rodoviária deficiente, a falta de conhecimentos sobre a segurança do tráfego rodoviário, o sistema de fluxo de tráfego misto, a legislação deficiente e a falta de aplicação da lei, as más condições dos veículos, os serviços médicos de emergência deficientes e a inexistência de uma lei sobre o seguro obrigatório de acidentes rodoviários são factores determinantes do problema. Atualmente, não existe uma política nacional de prevenção de acidentes de viação; no entanto, existem projectos de estratégias de segurança rodoviária. Os acidentes de viação constituem um enorme problema de saúde pública e de desenvolvimento na Etiópia. A sua situação atual exige um compromisso político de alto nível, decisões e acções imediatas para travar o problema crescente. Caso contrário, o problema agravar-se-á dia após dia, à medida que a motorização e a população aumentam rapidamente.

Os problemas de ferimentos causados pelo tráfego rodoviário em diferentes partes da Etiópia são um dos problemas mais críticos do país. Os maiores problemas ocorrem nas estradas que ligam Adis Abeba a Hawassa, uma vez que os condutores não se preocupam com a vida e os bens enquanto conduzem a alta velocidade. Nestas vias, muitos animais e seres humanos podem atravessar as estradas para realizar as suas actividades diárias. Mas a estrada tem causado muitos perigos para as pessoas e os animais, bem como para as propriedades da região.

Os principais problemas na Etiópia, especificamente no caminho de A.A para Hawassa, são os seguintes

Morte de vidas devido à falta de cuidado dos condutores, excesso de velocidade, passageiros, peões e esmagamento de outros veículos devido à má aceitação das regras e outros problemas.

1.3 Os objectivos da investigação

1.3.1 O objetivo geral

O objetivo do estudo é examinar a extensão e as variações dos acidentes rodoviários e investigar as principais causas que contribuem para os acidentes rodoviários nas estradas da Oromia. Com base nas análises, serão sugeridas algumas medidas corretivas possíveis para os acidentes de viação e outros problemas relacionados com o transporte rodoviário, a fim de promover a mobilidade e a segurança sem problemas.

1.3.2 Os objectivos específicos

1. Identificar os padrões de acidentes rodoviários existentes nas zonas de Oromia
2. Avaliar os custos sociais e económicos incorridos devido a acidentes rodoviários
3. . Examinar a variação espacial e temporal dos acidentes de viação.
4. Avaliar as diferenças de acidentes entre os diferentes meios de transporte rodoviário
5. Avaliar os sistemas de gestão do tráfego rodoviário existentes, em termos de coordenação, distribuição de efectivos e disponibilidade de recursos, métodos de tratamento de dados
6. . Determinar as principais causas e factores que contribuem para os acidentes rodoviários no que diz respeito aos condutores, peões, veículos e ambientes rodoviários.
7. Sugerir algumas estratégias possíveis e medidas de combate que contribuam para reduzir os problemas dos acidentes rodoviários.

1.4 . Importância do estudo

Este estudo incide principalmente na segurança do tráfego rodoviário na região de Oromia. A ênfase é dada ao estudo e à medição do comportamento no trânsito de crianças em idade escolar, peões, condutores e outros. Além disso, foram identificados problemas relacionados com o ambiente rodoviário, o estado dos veículos e o controlo policial. Por conseguinte, a importância do estudo pode ser afirmada da seguinte forma:

Embora o estudo seja realizado para fins académicos e se limite a um único itinerário, pode ser útil para um conhecimento mais profundo do complexo problema do transporte rodoviário rural e urbano em geral e dos acidentes em particular.

Os resultados obtidos com o estudo serão úteis para obter informações e conhecimentos sobre os padrões de acidentes rodoviários na cidade e nas zonas rurais, o que, por sua vez, poderá ajudar a desenvolver contramedidas que possam reduzir o número e a gravidade dos acidentes.

É importante para a polícia para a aplicação da lei e para a distribuição de mão de obra para a vigilância (observação).

É importante que o governo, a Autoridade de Transportes da Etiópia e as Autoridades Rodoviárias da Etiópia determinem a necessidade de melhorias nas estradas, inspecções de veículos e iniciem programas para fins educativos e de propaganda.

Constitui também uma fonte de informação para as instituições que se ocupam da gestão da segurança rodoviária e contribui para melhorar a qualidade da tomada de decisões no planeamento da segurança do transporte rodoviário urbano e rural.

Por último, ajuda a realizar novas investigações para aperfeiçoar os conceitos e a metodologia do presente estudo.

1.5 . Delimitação e âmbito do estudo

1.5.1 Âmbito do estudo

O âmbito do estudo incide sobre a gravidade dos acidentes e as suas principais causas nos trajectos de Gelan a Tukurwuha ao longo de alguns anos de análise de dados. Este estudo utiliza principalmente as informações recolhidas nos arquivos do Gabinete de Inspeção e Controlo de Acidentes de Viação da Polícia de Tráfego de Oromia, que só estão disponíveis para 1 ano, 2 anos, 5 anos e cerca de 11 anos (1990-2000 E.C). Informações provenientes dos arquivos da Autoridade dos Transportes de Adis Abeba, da Autoridade Rodoviária da Etiópia, da Comissão da Polícia Federal, da Comissão da Polícia de Oromia, dos serviços da

Polícia do Estado de Oromia, da Administração da Polícia de Shoa Oriental, dos serviços administrativos das cidades e de outros sectores.

1.5.2Limitações do estudo

A ausência de informações relacionadas com os acidentes com veículos de tráfego rodoviário em termos de número, tipo, distribuição, fluxo de tráfego e outros factores relacionados dificultou este estudo. Além disso, como os dados disponíveis são mais gerais, o estudo tem de se basear em dados dos arquivos da polícia de trânsito, que são volumosos e pouco económicos em termos de tempo e recursos. Além disso, foi difícil e cansativo convencer os inquiridos do objetivo do estudo. A outra desvantagem dos dados da polícia de trânsito é o facto de os dados serem utilizados manualmente e de alguns dos dados estatísticos se terem perdido algures nos gabinetes. O tratamento incorreto dos dados foi fortemente observado em todos os gabinetes de polícia de trânsito. Os dados são tratados manualmente e o método de os obter é escrever e copiar do serviço em causa. O outro trabalho de arrumação foi visto durante a transferência dos dados da cópia impressa para a informação computorizada, para além da análise dos dados brutos em informação. Algumas das esquadras da polícia de trânsito foram desorganizadas para fornecer os dados disponíveis, marcando uma reunião e, no dia da reunião, não responderam à mesma, invocando razões como o facto de um dos membros responsáveis ter ido trabalhar para o inquérito no terreno.

Por conseguinte, a falta de tempo, a ausência de informações recentes e a cooperação limitada dos serviços governamentais, como a Comissão de Polícia de Trânsito, foram os principais problemas que o investigador teve de enfrentar durante a fase de inquérito e de recolha de dados.

1.6 Metodologia da investigação

1.6.1 Fontes de dados

Os principais tipos de dados utilizados nesta tese são as fontes primárias e secundárias. Foram utilizadas várias técnicas para recolher dados primários. Algumas delas incluem: inquéritos de atitude envolvendo entrevistas estruturadas, observações no terreno de fluxos de veículos e situações rodoviárias reais de Adis Abeba a Nathret e depois Hawassa.

Neste estudo, foram concebidas quatro entrevistas estruturadas de tipo atitudinal. A primeira foi efectuada pelos peões, a segunda pelos alunos, a terceira pelos condutores e a quarta pelos ciclistas ou condutores de carrinhos.

As entrevistas foram concebidas para permitir ao investigador identificar as dificuldades mais profundas e os problemas de segurança rodoviária que os utentes da estrada enfrentam quando circulam e atravessam as estradas da cidade. Também foram concebidas para permitir ao investigador identificar o nível de adesão e de compreensão das regras de trânsito de cada pessoa entrevistada. Além disso, as entrevistas foram concebidas para permitir ao investigador medir a experiência de tráfego, a perceção, a atitude, bem como o comportamento de condução e de atravessamento da estrada dos condutores, crianças, peões e ciclistas.

Os dados secundários relativos aos acidentes rodoviários foram obtidos nos ficheiros de acidentes da polícia das zonas de Oromia em Addis Abeba e Oromia. Além disso, foi consultada a literatura de revisão relacionada de diferentes livros, actas, relatórios, publicações de organizações internacionais e ondas da Internet.

O estudo identificou quatro locais ou ruas principais na zona de Oromia que se caracterizam por um movimento denso de veículos e peões e pelas lesões mais comuns que contribuem para o país. Pedestres, crianças em idade escolar, condutores e ciclistas/condutores de carros foram selecionados aleatoriamente e entrevistados nessas áreas.

No que respeita à distribuição do número de acidentes entre as estradas principais e as ruas residenciais, os dados da polícia de trânsito de 2004/05-2008/2009 indicam que 75-85% dos acidentes ocorreram nestas quatro categorias de ruas, nomeadamente:

1. Gelan para Bishoftu Estradas
2. Bishoftu para Mojdo Estradas
3. Modjo para Arsinegele Estradas
4. Arsinegele para Tukur Wuha Estradas

Durante o inquérito preliminar, o investigador observou 400-550 peões, 100-150 veículos a motor, 200400 ciclistas, 500-600 crianças em idade escolar a circular e a atravessar estas ruas na hora de ponta identificada, entre a 1h30 e as 18h00.

A partir da população total estimada nas listas acima, o investigador acreditava que se um quinto dos peões e crianças em idade escolar, quatro quintos dos condutores e um terço dos ciclistas fossem selecionados como amostra destes diferentes locais, isso poderia dar-nos uma imagem clara dos problemas de acidentes de viação nas ruas. Assim, neste estudo, foram escolhidos aleatoriamente 554 inquiridos (ver pormenores do inquérito no Anexo I, Quadro A-41). Esta entrevista ajuda-nos a avaliar onde se registam os acidentes mais graves e a definir as estratégias possíveis para reduzir a gravidade do tráfego rodoviário nas vias estudadas.

1.6.2 Métodos de processamento e análise de dados

As metodologias utilizadas para analisar os dados foram a estatística qualitativa e descritiva. Assim, os dados organizados foram interpretados através de métodos descritivos sob a forma de tabelas, quadros e gráficos, utilizando ferramentas de controlo estatístico de qualidade para as tendências e as situações dos acidentes de viação nas estradas das vias de investigação. Para identificar as localizações mais perigosas entre as ruas dos locais, a densidade de acidentes e a taxa de acidentes devem ser avaliadas. O tratamento dos dados sobre os métodos utilizados para ultrapassar a principal causa dos problemas deve ser efectuado rapidamente para mostrar às políticas e aos organismos governamentais como reduzir os acidentes de viação nestas vias, prestando atenção às áreas e aos períodos mais críticos.

1.7 . Definição de termos

Vítimas de acidentes - refere-se às vítimas de acidentes rodoviários, que incluem feridos e mortos.

Densidade de acidentes - é a dimensão dos acidentes ao longo de uma determinada ligação ou acidentes por quilómetro. **Frequência de acidentes** - é uma medida da magnitude relativa de um tipo específico de acidente em relação a todos os acidentes durante um período de tempo especificado, como um ou três anos.

Taxa de acidentes - é uma medida da taxa de ocorrência de acidentes em relação a qualquer um de uma série de factores de exposição, como por milhão de veículos que entram ou por milhão de km numa área de estudo.

Danos materiais - Danos físicos em veículos ou propriedades, mas não em pessoas

Acidente - é aquele em que pelo menos uma pessoa é morta e a morte ocorre nos 30 dias seguintes ao acidente.

Acidente de viação - é definido como um acontecimento raro, aleatório e com múltiplos factores, sempre precedido de uma situação em que um ou mais utentes da estrada não conseguiram lidar com a estrada e o seu ambiente.

Lesões graves - Lesões que exigem internamento hospitalar

Ferimentos ligeiros - um acidente de viação, que é um ferimento ligeiro que não exige internamento hospitalar.

Acidente de viação - Ocorre algum acidente de viação na via pública (ou seja, com origem, destino ou envolvendo parcialmente um veículo)?

Pontos negros - São pontos onde os acidentes rodoviários se agrupam

Vítimas - Refere-se às vítimas de acidentes rodoviários, incluindo feridos e mortos.

Índice de Fatalidade - É a proporção entre o número de pessoas mortas e o número total de pessoas feridas.

Taxa de mortalidade - Este é o número de mortes por veículo licenciado.

Acidentes por atropelamento e fuga - Trata-se de uma situação em que os condutores de veículos a motor não param e não se apresentam numa esquadra de polícia depois de terem provocado acidentes rodoviários.

Kebele - é a unidade administrativa mais baixa da Etiópia.

Menos instruídos - Este termo inclui as pessoas que não concluíram o ensino secundário.

Condutor menos experiente - Um condutor com uma experiência de condução inferior a cinco anos.

Acidentes sem ferimentos - Indicam que não há ferimentos em pessoas, mas apenas danos em veículos.

Índice de gravidade - É a proporção entre o número de acidentes mortais e o número total de acidentes com feridos.

Ferimentos ligeiros - Trata-se de um acidente em que há ferimentos ligeiros nas pessoas envolvidas, como um corte, uma entorse ou uma contusão.

Tráfego - movimento de pessoas e veículos ao longo de estradas e ruas.

Acidente de viação - É um acidente que ocorre devido à presença de um veículo a motor numa estrada, causando ferimentos ou danos a qualquer pessoa, veículo, etc.

Wereda- é a segunda unidade administrativa mais elevada da Etiópia.

Woyalas- São aquelas pessoas que trabalham como ajudantes de um taxista.

1.8 . Organização do documento

O documento está organizado em seis capítulos. O capítulo anterior é uma parte introdutória, que contém os problemas, os objectivos, a metodologia, as limitações do estudo e a definição dos termos. O segundo capítulo destaca a revisão de estudos sobre acidentes rodoviários sob diferentes ângulos. O capítulo três apresenta os antecedentes da área de estudo, que aborda o enquadramento físico, as caraterísticas demográficas e as situações e caraterísticas dos acidentes. O capítulo quatro trata das metodologias, da análise dos dados e da interpretação dos dados para suavizar todos os dados brutos que mostram as principais causas dos acidentes rodoviários e transformá-los em informações que permitam encontrar uma solução possível. O capítulo cinco contém a estratégia preventiva e as possíveis formas de reduzir os problemas que causam os factores e contribuem para os acidentes rodoviários. Por último, o documento contém as conclusões e recomendações para a resolução do problema.

Capítulo 2

2. Revisão da literatura relacionada

2.1 Introdução aos transportes

O transporte pode ser dividido em três áreas principais: o transporte terrestre, o transporte aquático e o transporte aéreo. A área mais focada nesta tese é o transporte terrestre. O transporte terrestre significa que se concentra na área onde existe uma forte intensidade de tráfego dos fluxos. Como os transportes são vitais para o desenvolvimento socioeconómico de um país, é necessário dar grande ênfase à sua gestão adequada. Mas, por detrás da impotência dos transportes, existe atualmente no mundo uma elevada gravidade dos acidentes de viação, uma vez que o número de veículos motorizados em terra aumenta de tempos a tempos.

2.2 Acidentes de viação

Um acidente de viação é definido como "qualquer acidente de viação que ocorra na via pública (ou seja, que tenha origem ou destino na via pública ou que envolva um veículo parcialmente na via pública)" [3, 7]. Os acidentes de viação (ATV), aqui definidos como "Um acidente que ocorreu numa via ou rua aberta ao trânsito público; resultou em uma ou mais pessoas mortas ou feridas, e pelo menos um veículo em movimento estava envolvido. Assim, os ATV são colisões entre veículos; entre veículos e peões; entre veículos e animais; ou entre veículos e obstáculos fixos" [2, 4, 5], constituem um importante desafio de saúde pública a nível mundial.

Todos os anos, cerca de 1,2 milhões de pessoas morrem e mais de 20 milhões ficam feridas ou incapacitadas a nível mundial [19]. Cerca de 85% das mortes anuais relacionadas com o tráfego rodoviário. Prevê-se que, até 2020, as lesões causadas pelo tráfego rodoviário ocupem o terceiro lugar na ordem de classificação do peso das doenças [5]. O "acidente de viação com vários veículos" refere-se a um choque entre dois ou mais objectos em movimento. Ao contrário dos acidentes com um único veículo, nem todos os condutores envolvidos num acidente com vários veículos são responsáveis pela ocorrência do evento. Por conseguinte, espera-se que variáveis como o tipo de estrada, o limite de velocidade e o número de veículos envolvidos no acidente desempenhem um papel muito mais importante na associação com a gravidade das lesões em acidentes com vários veículos [7, 11].

2.3 Acidentes mortais e ferimentos a nível internacional

2.3.1 O Apocalipse dos Transportes (Catástrofe)

Nos países com rendimentos mais elevados, os acidentes de viação já se encontram entre as dez principais causas de incidência de doenças em 1998, medidas em DALY (anos de vida ajustados pela incapacidade). Nos países menos desenvolvidos, os acidentes de viação foram a causa mais significativa de lesões, ocupando o 11º lugar entre as causas mais importantes de anos de vida saudável perdidos.

De acordo com um relatório da Organização Mundial de Saúde e do Banco Mundial intitulado "The Global Burden of Disease", prevê-se que as mortes causadas por doenças não transmissíveis passem de 28,1 milhões por ano em 1990 para 49,7 milhões em 2020 - um aumento de 77% em números absolutos. Entre as doenças, os acidentes de viação, que ocupavam o 9º lugar em 1998, deverão atingir o 3º lugar a nível mundial em 2020. (Ver informações no Apêndice I, Quadro A-40).

2.3.2 . A dimensão do problema

Em média, nos países industrializados, e também em muitos países em desenvolvimento, uma cama de hospital em cada dez é ocupada por uma vítima de acidente. Os acidentes de viação são uma das principais causas de lesões graves na maioria dos países. No relatório da OMS sobre o estado da saúde mundial de 1995, as causas externas, como os acidentes e a violência, foram responsáveis por cerca de 4 milhões de mortes, ou seja, cerca de 8% do total, mais uma vez sobretudo entre os adultos. Os países em desenvolvimento registam um número de mortes por estas causas quase quatro vezes superior ao do mundo desenvolvido [10]. A comparação entre a situação dos acidentes nos países desenvolvidos e nos países em desenvolvimento é apresentada no Anexo I, Quadro A-38.

2.4 Acidentes de viação e mortes em África

A crescente sensibilização das agências de ajuda multilaterais e bilaterais para a importância dos acidentes rodoviários como uma das principais causas de morte e invalidez no mundo em desenvolvimento reflecte-se na recente criação da Parceria Mundial para a Segurança Rodoviária (GRSP). Esta foi criada no âmbito do Programa Parceiros Empresariais para o Desenvolvimento do Banco Mundial e é uma parceria entre o sector privado, a sociedade civil e as organizações governamentais que colaboram para melhorar a situação da segurança rodoviária nos países em desenvolvimento e em transição [11, 35]. Na sequência da criação do GRSP, foi pedido ao Transport Research Laboratory (TRL) do Reino Unido que efectuasse uma análise da segurança rodoviária em todo o mundo. Este estudo identificou que o número de pessoas mortas em acidentes rodoviários em 1999 se situava entre 750 000 e 880 000 e que, talvez surpreendentemente, cerca de 85% destas mortes ocorreram nos países em desenvolvimento e em transição de África, Ásia, América Latina e Médio Oriente. As estimativas sugerem também que entre 23 e 34 milhões de pessoas ficam feridas em todo o mundo em acidentes rodoviários [11, 18 e 33].

Só dois países são responsáveis por quase 50% de todas as mortes registadas, nomeadamente a África do Sul e a Nigéria. O valor sul-africano de mais de 9.000 parece ser consistente ao longo do tempo. Outros países que também apresentam um número significativo de mortes incluem a Etiópia, o Quénia, o Uganda e o Gana [7, 11].

Perfil do acidente em África

O fardo das mortes na estrada recai sobre o mundo em desenvolvimento, onde ocorrem 86% das mortes na estrada a nível mundial, com quase metade de todas as mortes na Ásia. A Figura 2.3 mostra a distribuição regional de 750 000 vítimas mortais, o limite inferior do intervalo estimado para 1999 (750 000-880 000).

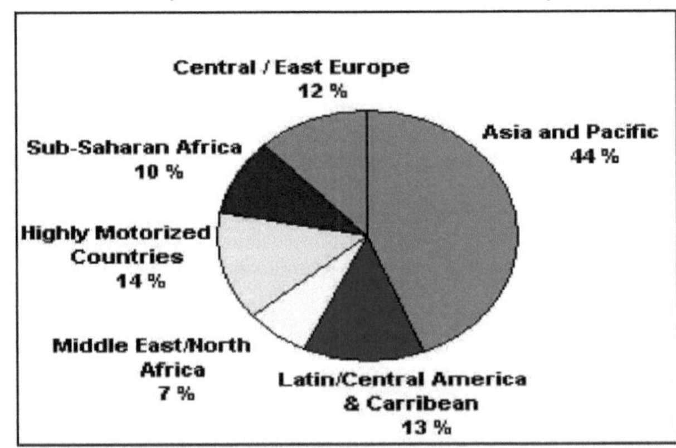

Fonte: Relatório da OMS (1999?)

Figura 2.1: Distribuição global das mortes na estrada

Daqui se conclui que cerca de 10% das mortes a nível mundial ocorrem em África, o que é ligeiramente inferior ao registado em todo o mundo desenvolvido ou em toda a América Latina, América Central e Caraíbas [11, 20]. A taxa global de mortalidade por acidente é mais elevada na Ásia e no Pacífico, com 44%.

O estudo GRSP também pode ser utilizado para mostrar a quota regional de mortes, população e veículos a motor no mundo (ver informações pormenorizadas no Apêndice I, Quadro A-39). 10 % das mortes na estrada a nível mundial ocorreram em 1999 na África Subsariana, mas apenas 4 % dos veículos a nível mundial estão registados na região. Por outro lado, 14% das mortes na estrada ocorreram em todo o mundo desenvolvido (América do Norte, Europa Ocidental, Australásia e Japão), embora esta região em particular contenha 60% de todos os veículos registados a nível mundial [3, 11].

2.5. Padrões de crescimento urbano e desenvolvimento do tráfego rodoviário

As cidades dos países em desenvolvimento estão a crescer rapidamente, com um aumento anual da população urbana superior a 6% (25). De acordo com a avaliação e projeção do crescimento demográfico do PNUD (2000), em 1950 era de 29 % e pouco depois do ano 2001 mais de 50 % da população mundial viveria em zonas urbanas.

Do mesmo modo, nos últimos 50 anos, a percentagem de pessoas que vivem em zonas urbanas da Etiópia aumentou quase quatro vezes, ou seja, de 4,6 em 1950 para 19,9% em 2000, e aumentará para 26,2% no ano 2010.

Assim, o ritmo acelerado de urbanização associado a um elevado crescimento populacional na cidade leva a um aumento da procura de deslocações e das gamas de transportes urbanos (25). A pressão sobre os sistemas de transportes urbanos está a aumentar na maioria das cidades dos países em desenvolvimento, não só devido ao crescimento da população urbana, mas também ao aumento da propriedade de veículos motorizados em relação ao crescimento da população. Gwallian, em 1998, observou que o aumento da taxa de motorização nos países em desenvolvimento se aproximava dos 15-20% por ano, em muitos deles taxas muito mais elevadas do que as taxas de crescimento da população urbana de 3-5% por ano. Estes dados indicam que o parque automóvel mundial e o congestionamento do tráfego nos países em desenvolvimento do mundo estão a expandir-se rapidamente.

Apesar do grande aumento da propriedade de veículos, a atual propriedade de veículos per capita continua a ser baixa em comparação com a dos países desenvolvidos. TRL (2000) indicou que nos EUA, Europa e Japão o rácio era de apenas 2 a 3 pessoas por veículo, mas este valor pode atingir 500 a 1000 pessoas por carro em países como o Malawi, Burkina Faso e Etiópia.

2.6 Acidentes de viação e ferimentos na Etiópia

A Etiópia regista uma das taxas de sinistralidade rodoviária mais elevadas do mundo. Em 2006, Peter Termeulen, diretor da Academia Internacional de Segurança Rodoviária dos Países Baixos, classificou a taxa de mortalidade rodoviária da Etiópia como "incrível". Por cada 10.000 veículos na Etiópia, 180 pessoas morrem em acidentes de viação. Em comparação com os Estados Unidos, onde cerca de 21 pessoas morrem em acidentes de viação por cada 100 000 veículos [21]. "Demasiadas pessoas estão realmente a morrer devido a acidentes. É uma situação inaceitável na Etiópia, para além da fome e de todo o tipo de doenças terríveis. O trânsito é uma das principais causas das mortes em Adis Abeba", afirma, "Não se trata apenas de os etíopes serem maus condutores". É mais uma questão de "não terem sido educados" sobre segurança rodoviária [11, 21]. "O problema é que não há uma verdadeira formação dos condutores. Não há fiscalização. Não há uma verdadeira educação para o trânsito. Por isso, as pessoas não compreendem o perigo do trânsito. Atualmente, as infra-estruturas estão a ser melhoradas, mas, ao mesmo tempo, as pessoas não têm perceção dos perigos. Por isso, todos os dias morrem pessoas nas estradas, simplesmente porque não compreendem o perigo. Os etíopes fazem exames antes de obterem a carta de condução. Mas esses testes não cumprem as normas internacionais"[10]. O diretor da Academia Internacional de Segurança Rodoviária (IRSA) afirma: "Melhorar a segurança rodoviária na Etiópia vai demorar muito tempo" [3, 11 e 21].

Embora os acidentes rodoviários constituam um importante problema de saúde pública a nível mundial, a maior parte ocorre em países de baixo e médio rendimento, incluindo a Etiópia. Os peões e os passageiros de veículos comerciais são os mais vulneráveis na Etiópia, ao passo que nos países de rendimento elevado os acidentes envolvem principalmente veículos privados, sendo o condutor o principal ocupante do veículo ferido ou morto. Nos Estados Unidos da América, por exemplo, 60% das vítimas mortais são condutores de automóveis, ao passo que na Etiópia, 5% são condutores. Isto significa que, num acidente, o número de pessoas mortas ou feridas na Etiópia é cerca de 30 vezes superior ao dos EUA. Os acidentes rodoviários constituem um enorme problema de saúde pública e de desenvolvimento na Etiópia. A sua situação atual exige um compromisso político de alto nível, decisões e acções imediatas para travar o problema crescente. Caso contrário, o problema agravar-se-á dia após dia, à medida que a motorização e a população aumentarem.

Em 30 de julho de 2001, foi registado na Etiópia um acidente de viação que provocou a falência de 500 milhões de birr. Segundo a polícia de trânsito do país, os danos materiais foram estimados em 80 a 100 milhões de euros por ano. Em 2008/09, os acidentes de viação causaram 2161 mortos, 3367 feridos graves e 3771 feridos ligeiros no país. 59% das mortes ocorreram em peões e 92% dos acidentes foram causados pelos condutores. A mortalidade em 1998 E.C. foi de 2522 e em 2000 E.C. foi de 2160. O acidente causado por veículos deve-se ao facto de os veículos chegarem à Etiópia depois de terem prestado serviço ao país natal durante 15 anos.

O número de veículos etíopes é de 220.000 e a extensão das estradas percorridas por estes veículos é de 44.359 km no país. Por conseguinte, tendo em conta os números de veículos mencionados, o acidente cometido pelo 200E.C. foi de cerca de 15086.

O país decretou a obrigatoriedade de subscrição de um seguro para cada tipo de lesão através do decreto-lei n.º 559/2000. O decreto estipula que os terceiros devem fazer um seguro de acordo com a reação ao acidente sofrido. O limite do seguro foi indicado da seguinte forma. Para lesões corporais, pelo menos 15.000 birr, para a morte, pelo menos 40.000 birr e para danos materiais, pelo menos 100.000 birr.

Todos os anos, cerca de 1,2 milhões de pessoas morrem e mais de 20 milhões ficam feridas ou incapacitadas a nível mundial [10, 19]. Cerca de 85% das mortes anuais relacionadas com o tráfego rodoviário ocorrem na Etiópia.

2.7. Principais factores dos acidentes rodoviários

São muitos os factores que afectam os acidentes rodoviários. Estes factores podem aumentar a gravidade dos acidentes nas estradas devido à sua contribuição para o impacto negativo dos acidentes rodoviários.

2.7.1. Causas de acidentes rodoviários

Os acidentes rodoviários são causados por três factores principais. Estes factores principais contribuem para um grande número de acidentes rodoviários e de danos causados a vidas, propriedades, etc., devido à elevada magnitude dos erros cometidos pelos seguintes factores principais. Os riscos que ocorrem devido a estes factores no mundo não estão a diminuir, mas sim a aumentar, uma vez que os dados mostram que os acidentes de viação estão a aumentar nos continentes. Os principais factores são os seguintes

1. Factores humanos (utentes da estrada) 2. Defeito da estrada 3. Defeito do veículo

2.7.2. Factores de risco para acidentes de viação e lesões

1. Factores que influenciam a exposição ao tráfego rodoviário

Os factores económicos, como o nível de desenvolvimento económico, os factores demográficos, como a idade, o sexo e o local de residência, as práticas de ordenamento do território que influenciam a duração das deslocações e os meios de transporte, a mistura de utentes vulneráveis da estrada e o tráfego motorizado de alta velocidade, a falta de consideração das formas como as estradas serão utilizadas ao determinar os limites de velocidade, a conceção e o traçado das estradas são muito necessários [4, 16, 20, 30].

2. Factores de risco que influenciam o envolvimento num acidente

Número de faixas de rodagem, número aproximado de veículos por dia, largura da estrada, tipo de estrada, instalações de drenagem existentes, estado da superfície do pavimento, tipo de veículo frequente na estrada, presença de bermas, presença de obstruções nas bermas, como painéis publicitários, árvores, etc., muito perto da estrada, existência de barreiras medianas para canalizar o tráfego, presença de desenvolvimento de faixas (decoração) perto das estradas, velocidade inadequada e excessiva, presença de álcool e drogas, fadiga, ser jovem e do sexo masculino, ser um utente vulnerável da estrada numa zona urbana ou residencial, viajar na escuridão, má manutenção do veículo, defeitos de conceção, traçado e manutenção da estrada, visibilidade inadequada devido às condições meteorológicas, visão deficiente, etc., são algumas das causas de acidentes rodoviários.

3. Factores de risco que influenciam a gravidade de um acidente

Caraterísticas individuais, como a idade, que influenciam a capacidade de uma pessoa tolerar o embate, a velocidade inadequada e excessiva, a não utilização de cintos de segurança e de sistemas de retenção para crianças pelos utilizadores de veículos, objectos na berma da estrada que não perdoam, como pilares de betão, proteção insuficiente do veículo contra o embate, como airbags para os ocupantes e frentes macias para as pessoas que possam ser atingidas por veículos

4. Factores de risco e consequências das lesões sofridas na sequência de um acidente

Atraso na deteção do acidente e no transporte para uma unidade de saúde, salvamento e evacuação, falta de cuidados adequados antes de chegar a uma unidade de saúde, incêndio após a colisão e fuga de materiais perigosos

2.7.3. Avaliação dos custos dos acidentes rodoviários

Os acidentes rodoviários são um dos problemas mais importantes com que se confrontam as sociedades modernas. Para além do aspeto humanitário da redução do número de mortos e feridos nas estradas dos países em desenvolvimento, a redução do número de mortos em acidentes rodoviários pode ser justificada apenas por razões económicas, uma vez que consomem recursos financeiros avultados que os países não se podem dar ao luxo de perder. As mortes de pessoas e as graves perdas económicas causadas pelos acidentes rodoviários exigem uma atenção contínua, em conformidade com o crescimento espetacular do transporte rodoviário. Atualmente, percebe-se que são necessárias técnicas melhores e mais eficientes de sistema de gestão da informação sobre acidentes. O rápido crescimento da população e o aumento das actividades económicas resultaram num enorme aumento do número de veículos a motor [3, 10 e 15].

O número crescente de acidentes rodoviários está a impor encargos sociais e económicos consideráveis às vítimas e vários custos diretos e indirectos aos indivíduos e ao governo. Os acidentes rodoviários causam ferimentos, morte, perda de bens e danos nos veículos. Tudo isto implica uma perda monetária para a economia. Quando as estradas são melhoradas, a taxa de acidentes rodoviários diminui. Isto resulta em benefícios quantificáveis para a economia. Embora a taxa global de mortalidade tenha diminuído e a esperança de vida tenha aumentado, o risco de morte nas estradas aumentou consideravelmente. É claro que é preciso ter em conta que, nos países em desenvolvimento e emergentes, a segurança rodoviária é um dos muitos problemas que exigem a sua quota-parte de financiamento e outros recursos [15].

Em 2003, o BAD efectuou um inquérito e estimou que os acidentes rodoviários custaram 116 milhões de dólares americanos no Reino do Camboja. Nesse ano, os acidentes rodoviários causaram 824 mortos, 3 740 feridos ligeiros e 2 714 feridos graves. Em 2006, os acidentes rodoviários causaram 1 157 mortos, 3 967 feridos graves e 2 528 feridos ligeiros [11, 18].

2.8. Identificação de factores de risco e intervenções

Melhorar a segurança rodoviária implica identificar os factores de risco que contribuem para os acidentes e as lesões e, em seguida, identificar as intervenções que reduzem os riscos associados a esses factores (25). Um quadro de referência para identificar os factores que têm impacto nas lesões causadas pelo tráfego rodoviário é a Matriz de Haddon, que divide os factores em causas humanas, veiculares e ambientais em três fases temporais - antes do acidente, no acidente e depois do acidente.

Matriz de Haddon

Há mais de 35 anos, o Dr. William Haddon Jr., o primeiro diretor do que é agora a Administração Nacional de Segurança Rodoviária, desenvolveu a Matriz de Haddon, um modelo concetual que aplica princípios básicos de saúde pública ao problema da segurança rodoviária. Continua a ser uma ferramenta extremamente útil e eficaz para revelar onde e quando é melhor efetuar intervenções de segurança rodoviária e para promover a cooperação entre diferentes agências. A matriz ilustra as lesões em termos de factores causais e contribuintes, bem como em termos de uma sequência temporal que consiste em fases pré-evento, evento e pós-evento.

A matriz de Haddon é apresentada no quadro 2.1.

Quadro 2.1: Matriz de Haddon

	Humano	V eículo/equipamento	Ambiente físico	Social/económic o
Antes do acidente	Visão deficiente Ou tempo de reação, Álcool, excesso de velocidade, tomada de riscos	Travões avariados, falta de luzes, falta de sistemas de aviso	Faixas de rodagem estreitas, sinais inoportunos	Normas culturais que permitem o excesso de velocidade, o desrespeito dos sinais vermelhos e a condução sob o efeito do álcool
colisão	Não utilização do cinto de segurança	Cintos de segurança com mau funcionamento, sacos mal concebidos	Guarda-corpos mal concebidos	Falta de regulamentação da conceção dos veículos
Pós-acidente	Álcool de elevada suscetibilidade	Depósitos de combustível mal concebidos	Sistema de comunicação de emergência deficiente	Falta de apoio ao SGA e ao sistema de trauma

A Matriz de Haddon consiste em quatro (ou três) colunas que representam os agentes causais do acidente: o condutor, o veículo e o ambiente físico e socioeconómico (podendo a última coluna ser combinada para formar uma matriz de nove células), e três **linhas** que representam as fases temporais: pré-acidente (antes de uma potencial colisão de veículos), acidente (o evento real) e pós-acidente (o rescaldo imediato). O valor da matriz reside no facto de cada célula ilustrar uma área diferente em que podem ser realizadas intervenções para melhorar a segurança rodoviária. Por exemplo, a célula superior esquerda, que representa o condutor no período anterior ao acidente, identifica a área em que as alterações ao comportamento do condutor podem reduzir as taxas de colisão de veículos. Neste exemplo, trata-se de visão ou tempo de reação deficientes, consumo de álcool, excesso de velocidade e assunção de riscos. Embora as três linhas de períodos de tempo se refiram a eventos que ocorrem nas fases de pré-colisão, colisão e pós-colisão, as intervenções têm naturalmente de ser planeadas muito antes de uma colisão. As intervenções que se aplicam à fase de colisão não impedem a colisão, mas reduzem o número ou a gravidade das lesões que podem ocorrer em resultado da mesma. As intervenções que se aplicam à fase pós-colisão não impedem que o acidente ou as lesões ocorram, mas optimizam o resultado para as pessoas com lesões e evitam a ocorrência de eventos secundários. Os esforços efectivos para melhorar a segurança rodoviária exigem que se preste atenção às melhorias de segurança em todas as 12 (ou nove) células da Matriz de Haddon. Da mesma forma, diferentes agências e organizações cujas políticas têm como alvo a mesma célula devem estabelecer formas de trabalhar em colaboração para maximizar o seu impacto. Esta necessidade de amplitude e colaboração significa que todas as agências com interesses na segurança rodoviária têm de estar "à mesa" em conjunto para dirigir um esforço de segurança rodoviária verdadeiramente abrangente e eficaz.

2.9A gestão da segurança rodoviária e as estratégias de prevenção

A gestão da segurança rodoviária inclui a gestão da administração da segurança rodoviária, a gestão técnica da segurança rodoviária e a gestão das instalações de segurança.

2.8.1. Gestão da Administração da Segurança Rodoviária

A gestão administrativa da segurança rodoviária inclui o mecanismo de gestão da segurança rodoviária, a política, as obrigações e o sistema de informação administrativa da tecnologia, etc.

1) Mecanismo de gestão da segurança do tráfego: A gestão da segurança do tráfego refere-se à construção e manutenção, à gestão do veículo, ao estabelecimento e execução da regulamentação rodoviária, à formação e gestão do condutor, à compreensão das regras de trânsito pelos participantes no tráfego, etc. Trata-se de um sistema global e social.

2) Política de gestão da segurança rodoviária: O planeamento e a gestão da segurança do tráfego fazem parte das funções do governo. Os principais conteúdos da política de gestão da segurança rodoviária incluem o sistema jurídico, a legislação e a execução da lei, a política técnica, as normas e os padrões, etc. Uma política importante é a elaboração de uma estratégia de desenvolvimento sustentável para o tráfego.

3) Dever de gestão da segurança do tráfego: Os participantes no tráfego, as estradas, os veículos e o ambiente causam problemas de segurança do tráfego. O pessoal de serviço do trânsito parece ser indiferente, mas se o pessoal de serviço for rigoroso, o trânsito supervisionará os participantes. Entretanto, encontra e reflecte as más estradas, comanda e orienta o tráfego em condições climáticas e ambientais especiais. O conteúdo principal do dever de gestão do dever de segurança do tráfego inclui o modo de gestão do dever de tráfego, a norma de posto, a norma de comportamento, o equipamento da norma, etc.

4) Sistema de Informação da Gestão Técnica Administrativa de Segurança Rodoviária

O sistema de informação da gestão administrativa técnica da segurança rodoviária consiste em considerar o computador como a plataforma, com base na base de dados, e fazer com que as pessoas recebam a informação da gestão administrativa técnica da segurança rodoviária de forma mais precisa e direta. Os principais conteúdos incluem o modo, o método, a forma, a recolha, o tratamento, a contagem, o armazenamento, a pesquisa e a alimentação do sistema, etc.

2.8.2. Gestão técnica da segurança rodoviária

A gestão técnica da segurança do tráfego é abrangente e, tendo em conta os factores que influenciam a segurança do tráfego, abrange aspectos como as pessoas, os veículos, as estradas e o ambiente, etc.

1) Análise dos acidentes de viação: O trabalho de análise estatística dos acidentes de viação é o trabalho de base na gestão da segurança do tráfego. Através da análise estatística dos acidentes de viação, é possível determinar a frequência e as caraterísticas dos acidentes de viação em diferentes regiões, horários, multidões e tipos de veículos. As estatísticas dos acidentes de viação fornecem uma base importante para a análise e o julgamento das causas que estão na origem da formação dos acidentes.

A distribuição dos acidentes de viação é a base da prevenção dos acidentes de viação, do controlo, das contramedidas e das medidas (17). Revela também o ponto difícil de controlar e prevenir, e aponta as direcções para a prevenção dos acidentes de viação; a distribuição dos acidentes de viação é a base para prevenir os acidentes de viação, controlar as contramedidas e as medidas (17).

2) Gestão de pessoas: A gestão da pessoa é considerada na defesa de diferentes domínios, como o corpo humano, a psicologia ou a fisiologia. Os acidentes rodoviários estão sempre relacionados com os veículos a motor, porque só os veículos a motor têm grande letalidade e força destruidora. A fisiologia e a psicologia do condutor incluem a condução atrás do vinho (medicina) e a condução fatigada, o não cumprimento das regras de trânsito, a ultrapassagem do limite de velocidade e a negligência, etc., e esses fenómenos que violam as regras tornam-se a maior parte das causas dos acidentes. Por conseguinte, é necessário melhorar a qualidade psicológica e fisiológica dos condutores através da gestão da segurança rodoviária.

3) Gestão de veículos: O veículo é um elemento importante do sistema de tráfego rodoviário, que está intimamente ligado à segurança do tráfego. Embora, nas estatísticas dos acidentes de viação, o motivo do condutor represente uma proporção considerável, e os acidentes diretamente causados por problemas com o veículo não excedam 10%(17), isso não significa que o veículo tenha pouco efeito na segurança do tráfego rodoviário. Por conseguinte, o veículo deve ser gerido de modo a melhorar as práticas de segurança. Antes de o veículo registar a carta de condução, ou nas estações de carregamento e nas estações de medição de veículos, examina-se regularmente o design da aparência e do centro do veículo, a tecnologia dos travões, o desempenho da resistência ao deslizamento dos pneus, o cinto de segurança dos bancos, o gasbag seguro, o desempenho dos travões, a luz, o desempenho de viragem do volante em posição fixa. Defende e previne problemas antes que eles aconteçam.

4) Gestão de estradas: Embora o comportamento humano seja um fator significativo na causa dos acidentes, a própria estrada também é importante porque pode ter um efeito no comportamento humano. As boas estradas também podem desempenhar um papel importante na redução da gravidade dos acidentes. As estradas de má qualidade, cuja superfície é estreita, de baixa qualidade, com declive acentuado e em forma de linha, podem induzir em erro os condutores e os peões, o que provoca o aparecimento de acidentes de viação (17).

5) Gestão ambiental: A gestão ambiental inclui principalmente: a separação eficaz entre veículos motorizados e não motorizados, o controlo do tráfego rodoviário, a instalação de dispositivos de segurança essenciais, tais como a descida de taludes, o corte de curvas, a instalação de barreiras de proteção, os sinais de trânsito, a marcação, o plano de cobertura verde da estrada em linha reta para aliviar o grau de cansaço do condutor, as condições de iluminação da estrada, etc. (17). Através da gestão do ambiente rodoviário, é possível efetuar uma gestão global e sistemática do ambiente rodoviário, reduzindo os acidentes de viação provocados por problemas do ambiente rodoviário.

6) Aplicação da tecnologia de informação eletrónica avançada: Aplicação do sistema de informação geográfica (SIG): Com a popularização e aplicação do computador, a utilização do computador para efetuar análises quantitativas e tomar decisões em matéria de segurança rodoviária tornou-se realidade. O sistema de informação geográfica (SIG) é um grupo de software com funções de digitalização de imagens, gestão de dados espaciais, pesquisa de informações, operação de modelos e muitos tipos de resultados. É a forma visual geral e simples que mostra a distribuição, o estado e a ligação do objeto. O pessoal administrativo combina os dados de acidentes do local concreto através da compreensão dos símbolos do mapa (17).

Aplicação do sistema de tráfego intelectual (ITS): Trata-se de um trabalho de investigação de alta tecnologia que utiliza a técnica microeléctrica para resolver problemas de engarrafamento e de segurança do tráfego. O principal fator de segurança do tráfego é o sistema de apoio à condução segura. Inclui a oferta de informações de segurança, avisos, o sistema de controlo, o sistema de aviso da barreira frontal, o sistema de aviso do veículo em redor, apoios do sistema de visão, a distância do sistema de controlo da oficina, cruzeiros automáticos do sistema de controlo, a prevenção de transbordos fora da faixa de rodagem e o sistema de localização automática da faixa de rodagem, a inspeção da segurança do veículo e do condutor do sistema de aviso e os sistemas de condução automatizada do veículo em faixa exclusiva, etc. (17).

7) Gestão do sistema de pré-aviso de segurança rodoviária: A gestão do sistema de pré-aviso de segurança rodoviária não só efectua o controlo rodoviário, a análise das causas de formação, a apuramento de responsabilidades e a reparação dos danos, como também deve reagir cientificamente. Este sistema deve possuir os seguintes componentes:

- O sistema de controlo de previsão.
- O sistema de alerta.
- O sistema de urgência.
- O sistema de comunicação de sinais.
- Explicação do mecanismo.
- Primeiro, PORQUÊ; Segundo, COMO

2.8.3. Segurança do tráfego Gestão de instalações

A gestão dos equipamentos de segurança rodoviária inclui a gestão dos equipamentos de segurança rodoviária, a gestão dos equipamentos de segurança dos veículos, a gestão dos equipamentos de segurança dos condutores, a gestão dos equipamentos de segurança dos peões, a gestão dos equipamentos de segurança das pessoas com deficiência, a gestão dos equipamentos de formação em segurança rodoviária e a gestão dos equipamentos de socorro. De acordo com a análise da situação do aumento dos acidentes rodoviários que aparecem no nosso país e em algumas cidades, não é porque a área rodoviária é insuficiente, mas sim porque não se pode utilizar eficazmente as instalações de tráfego

1) Gestão das instalações de segurança rodoviária: A gestão de instalações de segurança rodoviária é uma gestão de instalações permanente e provisória. A gestão de instalações de segurança rodoviária permanente inclui todos os tipos de gestão de instalações de defesa para manter a estrada normal, como a defesa da pedra de saída, colapso, rolar para longe, entrar, acima do limite de velocidade, mais longo e ultra largo, mostrando o caminho e liderando. A gestão provisória das instalações é uma necessidade temporária direta contra, por exemplo, a construção de uma linha, o desarranjo temporário, a gestão temporária da proteção segura do estacionamento, etc.

2) Gestão das instalações de segurança dos veículos: A gestão das instalações de segurança do veículo é, em geral, a gestão das instalações destinadas a evitar os problemas do veículo ou a emergência, tais como o sistema de amortecedores anti-colisão, o sistema de aviso de medição da segurança à distância, o desvio da rota de viagem, a alteração do sistema de aviso, etc.

3) Gestão de instalações de segurança para condutores, peões e pessoas com deficiência: Oferece um tipo de gestão do serviço de segurança aos diferentes intervenientes no tráfego, por exemplo, orientando a estrada para deficientes, conduzindo e oferecendo aos peões uma rota de refúgio e gestão de instalações quando ocorre uma catástrofe.

4) Meios de formação da gestão da segurança rodoviária: As instalações de formação da gestão da segurança rodoviária destinam-se a formar o condutor com disciplina e qualidade e a propagar a educação da consciência da segurança rodoviária dos participantes. Trata-se de um trabalho a longo prazo para obter uma cura permanente e uma engenharia de sistema socializada. Com o rápido desenvolvimento da construção económica, a formação em segurança rodoviária e o trabalho educativo são obviamente importantes e indispensáveis (obrigatórios).

2.10 . Estado da arte

O estado dos acidentes de viação nos países desenvolvidos está a minimizar a sua fase inicial de elevada taxa de mortalidade dos peões e passageiros, à medida que a inovação e o desenvolvimento tecnológico se tornam cada vez maiores. Os países desenvolvidos, como o Japão, os EUA, a Austrália, a Coreia, o Japão, etc., estão a controlar a velocidade dos condutores através de medidores de radar, o cumprimento das infra-estruturas rodoviárias, a manutenção e verificação dos veículos, a criação de percursos mais curtos e seguros, medidas de redução de viagens, o incentivo à utilização de modos de deslocação mais seguros, a minimização da exposição a cenários de alto risco, a restrição do acesso a diferentes partes da rede rodoviária, a atribuição de prioridade na rede rodoviária a veículos de maior ocupação, etc.

Quando se trata de países em desenvolvimento e da situação da Etiópia, os acidentes de viação são muito elevados e colocam-nos em primeiro lugar no mundo. O número de veículos automóveis é de 3% do total mundial, mas o número de acidentes provocados é quatro vezes superior ao número de veículos. Devido a estas razões, a maior parte das teses foi elaborada com base em recomendações sobre a taxa de acidentes de viação na cidade de Adis Abeba. A metodologia de cada um dos trabalhos é normalmente diferente, com base na especialidade, no nível da comunidade, na povoação da cidade, na gravidade dos acidentes, na distância entre os locais, na força das autoridades regionais, na disponibilidade de dados, nos tipos de veículos mais utilizados nos trajectos e no tempo.

Mas todos os trabalhos tentaram dar recomendações que permitiram reduzir os acidentes nestas cidades. "As abordagens dos acidentes de viação efectuadas por Getachew na cidade de Adis Abeba, "Analysis of Traffic Accident in Addis Ababa: Traffic Simulation" por Fanueal Samson, "Causes of Road Traffic Accidents, and Possible Counter Measures on Addis Ababa-Shashemene Roads" por Getu Segni e "The extent, variations and causes of road traffic accidents in Bahirdar" por Yayeh Addis são alguns dos trabalhos de tese. Os artigos contribuíram com as suas próprias técnicas de redução de problemas, mas alguns dos pontos mencionados nestes artigos são mais aplicáveis às viagens de curta distância e às cidades de Adis Abeba.

A tese realizada por Getu Segni concentra as suas abordagens e pontos de vista nas caraterísticas das estradas e nos pontos negros enquanto aspectos da Engenharia Civil. O trabalho realizado durante a sua pesquisa não foi claramente reorganizado e facilmente compreensível e gerível para a polícia de trânsito ou qualquer outro leitor, categorizando a estratégia preventiva dos métodos de identificação de problemas. Os métodos para ultrapassar o acidente naquela situação foram misturados com a identificação do problema e qualquer leitor não consegue obter facilmente uma ideia a partir do conteúdo da tabela. Os leitores precisam de avaliar todo o trabalho e ler todo o documento para chegar a uma conclusão. Mas a ideia desta tese é o inverso do trabalho anterior. A outra diferença dos outros trabalhos de tese é que as soluções recomendadas por eles e por mim variam em conformidade.

De um modo geral, as diferenças entre o trabalho desta tese e o da tese anterior são:

> Esta tese concentra o seu esforço máximo nos condutores, uma vez que a maior parte do problema está do lado do condutor

Isto permite encurtar o percurso da distância de deslocação do veículo, especificando os tipos de veículos

> Incentivar a introdução de comboios como meio de transporte seguro e minimizar o fator de congestionamento da intensidade do tráfego

> Iniciar o governo com uma **proclamação** através dos meios de comunicação social e de panfletos, o que é muito simples para controlar os acidentes de viação através da sensibilização e da criação de regras

> A intensidade do tráfego rodoviário e os tipos de utentes das estradas variam nestas zonas. O percurso é composto por zonas construídas e não construídas, sendo os veículos, tais como bicicletas e carroças, comuns na zona, o que a diferencia dos tipos de veículos de Adis Abeba. A situação dos acidentes rodoviários ocorre mais nas estradas que unem as zonas rurais do que nas cidades, mas outros trabalhos concentram-se, na maioria dos casos, nas estradas das cidades

> Os objectivos e os grupos-alvo, a localização das estradas, a sensibilização das pessoas variam consoante os percursos

O estilo dos meios de comunicação social e de propaganda e a regra a estabelecer na carta de condução são diferentes em comparação com a lei anterior.

> A intensidade do tráfego e a extensão da situação dos acidentes rodoviários no momento fazem com que esta varie em relação ao momento anterior

> As estratégias e recomendações são diferentes nos seus conteúdos, etc

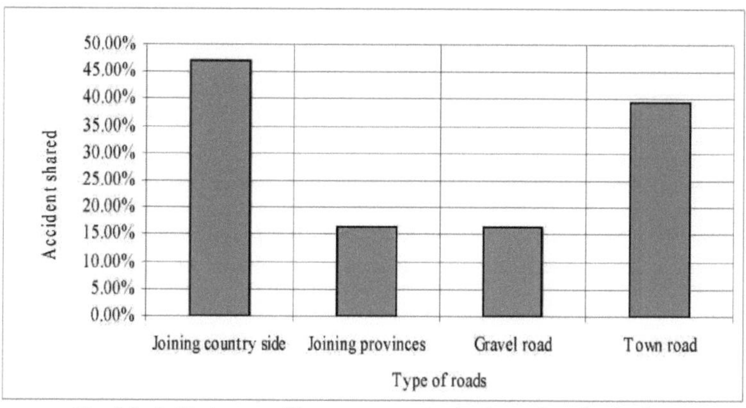

Fig. 2.2: Acidentes ocorridos em zonas urbanizadas e não urbanizadas

2.11 Resumo da literatura

A pesquisa bibliográfica constitui a condição prévia para o trabalho autêntico do autor, a fim de estabelecer uma comparação e uma referência com o aspeto da situação atual dos acidentes rodoviários a nível mundial e, depois, na Etiópia. A situação atual dos transportes está a aumentar no mundo e depois na Etiópia, o que faz com que o limite máximo de acidentes rodoviários se mantenha relativamente em primeiro lugar no mundo. A população mundial e africana de utentes da estrada está a aumentar de tempos a tempos. Ao mesmo tempo, a gravidade dos acidentes rodoviários também está a aumentar em consequência do aumento da população, do aumento da procura de veículos, etc.

As técnicas de identificação de possíveis problemas, os principais factores para as ocorrências de acidentes rodoviários no mundo, em África e na Etiópia são identificados através da especificação dos factores de risco e dos factores de exposição ao tráfego rodoviário. Estes factores foram categorizados na literatura de revisão como os utentes da estrada, os veículos e os ambientes.

Na literatura, foram discutidos os princípios de gestão da segurança dos condutores e do tráfego, com definição e síntese pormenorizadas, que ajudam nas estratégias prováveis das medidas de combate para resolver os principais problemas, relacionando a situação atual do local de estudo com a realidade da literatura.

Foram discutidos o estado da arte e as circunstâncias actuais dos acidentes de viação. A diferença entre esta tese e as teses anteriores realizadas em Adis Abeba e noutras cidades etíopes foi discutida com base nos pontos principais que diferem do capítulo anterior.

Capítulo 3

3. Vista geral do local de estudo e da intensidade do tráfego

Os destaques da situação dos acidentes no ambiente do itinerário rodoviário e os locais importantes a partir dos dados disponíveis serão discutidos nas secções seguintes para se ter uma visão geral e passar à análise dos dados e à interpretação dos resultados na secção seguinte.

3.1 Introdução à localização e aos locais de rede

Ao sairmos de Adis Abeba, encontramos o local abaixo do Akaki, um local chamado Gelan, e aquele em que a parte final do limite do âmbito do projeto se chama Tikur Wuha, à entrada da cidade de Hawassa. As partes rurais ou as estradas principais nas quais o projeto estabelece o seu objetivo estão sequenciadas no seguinte fluxograma.

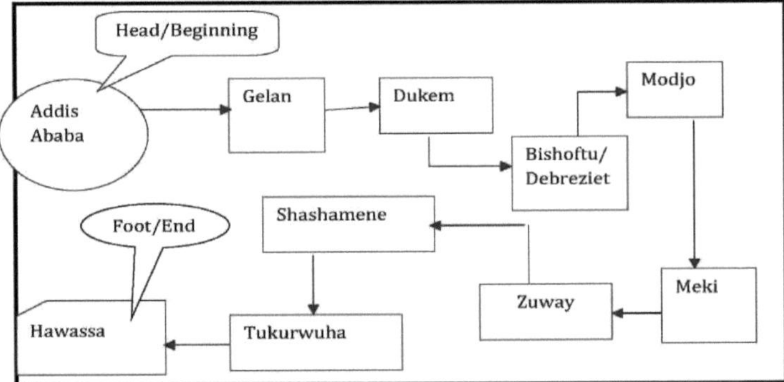

As ruas das estradas principais são apresentadas no diagrama de fluxo acima. Mas as outras ruas rodoviárias também são utilizadas entre elas. Mas as populações das cidades não são exageradas como no diagrama acima. Algumas vias rodoviárias que não são mencionadas no diagrama acima também são mostradas abaixo, designando-as entre o alvo principal das áreas de trabalho da tese desenhadas acima. A maior parte da documentação deste trabalho é um ponto de partida e uma motivação para o trabalho futuro de outros investigadores que utilizem este trabalho como quadro de referência.

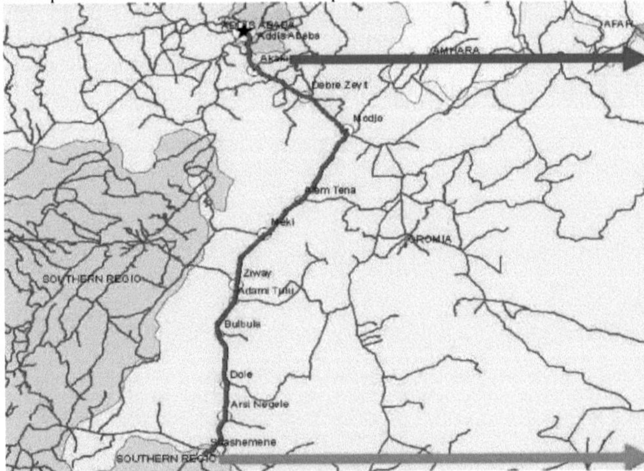

Figura 3.2 Mapa da estrada em estudo: Estrada Gelan -Tukur Wuha

A localização e o estado atual dos acidentes na estrada principal selecionada devem ser analisados para dar uma pista à comissão de polícia do Estado de Oromia e ao organismo responsável pelos acidentes rodoviários nas ruas selecionadas. Uma vez que o projeto dê uma pista aos sectores regionais, estes poderão preparar o seu próprio mecanismo de controlo do tráfego não só para estas estradas selecionadas mas também para todas as regiões e cidades da região de Oromia. Se tivessem esta visão geral, poderiam dar uma ideia de como controlar o peso dos acidentes rodoviários e reduzir os mecanismos. O projeto visa as quatro principais áreas organizadas seguintes para analisar os dados obtidos nestas regiões. A organização será efectuada de acordo com as quatro categorias do percurso. Estas categorias são:

> Gelan para Bishoftu Estradas

> Bishoftu para Mojdo Estradas

> Modjo para Arsinegele Estradas

> Arsinegele para Tukur Wuha Estradas

3.1.1 Gelan para Bishoftu Antecedentes

A. População: De acordo com a Agência Central de Estatística, a população total da zona de East Shewa está projectada em 2.556.399 para o ano de 1999 E.C. Destes, 1.287.130 são homens e 1.269.269 são mulheres. Dos distritos desta zona, Ada'a é o mais populoso, com uma população total de 367.534 pessoas e uma densidade populacional de 224,8 pessoas/Km2 . Por outro lado, Fantale é o distrito mais escassamente povoado da zona, com uma população total de 90.115 pessoas e uma densidade populacional de 77/Km2.

B. Tipo de estradas: De acordo com o perfil zonal preparado pelo Gabinete de Finanças e Desenvolvimento Económico da zona de East Shewa, existem três categorias de estradas na zona de East Shewa. Estas são asfalto, cascalho que é uma ajuda secundária como alimentador para estradas de asfalto e estradas rurais que usaram a secção mais larga das comunidades rurais para ligar com asfalto ou estradas de cascalho. Na zona de East Shewa, o comprimento da estrada de asfalto é de 324 km. Esta estrada de asfalto liga Finfinne às zonas sul e leste da Etiópia. Além disso, liga o país ao porto de Djibouti, através do qual o país exporta e importa a carga para o mercado mundial externo. Por outro lado, cerca de 329 km de estradas de cascalho e 71 km de estradas rurais encontram-se na Zona de East Shewa (Ver Apêndice I, Tabela A-37).

Estradas da cidade de Gelan: De acordo com os dados obtidos da Câmara Municipal de Gelan, o comprimento total da estrada de asfalto é de cerca de 7,1 km. Sem incluir a estrada de asfalto, o comprimento total das estradas para todas as condições climatéricas é de cerca de 3 km. e as estradas que se encontram na cidade têm uma largura de 4 metros a 16 metros.

Condições dos acidentes nas estradas de Gelan: Acidente de viação: este problema está principalmente relacionado com o congestionamento do tráfego na zona. De acordo com o serviço de trânsito da cidade, este problema surge principalmente devido ao pouco conhecimento de trânsito das pessoas, especialmente dos trabalhadores das fábricas e das indústrias. Uma vez que muitas das indústrias e fábricas estão localizadas na estrada principal, a probabilidade de os trabalhadores destes sectores serem afectados por um acidente de viação é elevada, principalmente quando se dirigem para as suas casas. Além disso, a ausência de estradas alternativas para peões e automóveis, bem como para camiões pesados na zona, agrava a magnitude do problema.

O gráfico de linhas (ver Apêndice IV, Fig. A-1) indica que a intensidade do tráfego nesta linha é de 15271 em 2007, em comparação com 4229 em 1998. Isto indica-nos que a intensidade do tráfego está a aumentar de ano para ano. O aumento da intensidade do tráfego significa que, a menos que se proceda a um controlo rigoroso, o número de mortos e feridos no tráfego rodoviário aumenta de ano para ano. Nalgumas figuras gráficas, verificou-se uma diminuição da intensidade do tráfego. Os organismos responsáveis ainda não conhecem a razão.

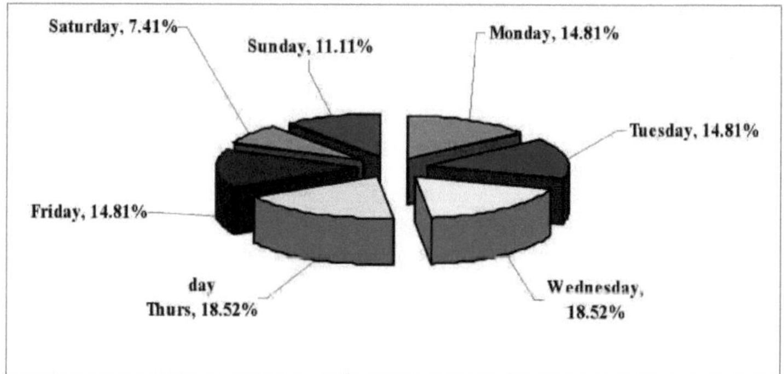

Fonte: Departamento de Estatística da Polícia de Trânsito de Gelan (2008/09)

Figura 3.3:- Acidentes de viação num dia da semana (2008/09)

A Fig. 3.3 mostra-nos que a maioria dos acidentes de viação se regista nos dias úteis de segunda a sexta-feira. Isto deve-se ao facto de serem dias úteis em que os **trabalhadores da indústria** estão a trabalhar e também são descuidados ao atravessar as estradas, o que os expõe facilmente a acidentes de viação. O número total de acidentes registados na cidade este ano é de cerca de 27 (mortos, feridos graves, feridos ligeiros e danos materiais).

Quando os acidentes ocorreram, os danos materiais encontrados foram estimados pelo valor monetário estimado como sendo dispendioso para a degradação económica do país, uma vez que foi assumido como sendo de 119.427 birr, dos quais os danos materiais causados por carros foram estimados em 119.064 birr e os danos materiais causados por carrinhos foram de 363 birr.

Quadro 3.1: Total de acidentes e respectivos tipos de gravidade

s/n	1	2	3	4	Total
Tipos de acidentes	Morte	Lesões corporais graves	Ferimentos ligeiros no corpo	Imóveis Danificado	
Número de acidentes	3	3	4	17	27

Fonte: Departamento estatístico da polícia de trânsito de Gelan (2008/09)

A taxa em que o acidente nesta via ocorre mais do que nos outros locais é nas zonas fabris ou industriais destas estradas. Em 2008/09, foram registados dois feridos graves, quatro feridos ligeiros e quinze danos materiais. Isto deve-se ao facto de a concentração de zonas industriais se encontrar habitualmente aqui, ao lado desta rua principal.

3.1.2 . Dukem e acidentes de viação

Dukem, inicialmente criada em 1907 para ser a cidade portuária de comboios, fica a cerca de 37 km do município de Adis Abeba, na parte oriental sul de Adis Abeba, na região de Oromia. A estrada da cidade e as estradas secundárias são constituídas por estradas pavimentadas e de gravilha. Quando se chega à entrada da cidade, saindo de Adis Abeba, há uma ponte para os veículos. A ponte está por vezes congestionada com a intensidade do tráfego quando é de manhã ou à noite, por volta das 8:00 e das 15:00 horas. Os acidentes registados nesta via rápida são muito graves e podem causar a maior taxa de mortalidade.

A. Situação do mercado: A situação do mercado da cidade é muito atractiva, uma vez que a cidade está estabelecida na via principal da rua dos portos do nosso país e é povoada. Por isso, é confortável para o comércio e a comercialização. O dia de mercado da cidade é maioritariamente a quinta-feira da semana. Durante esse dia, a população da cidade aumenta de diferentes ângulos à medida que se junta à população do campo. Por conseguinte, o aumento da população e as condições do dia de mercado podem resultar numa elevada taxa de acidentes, a menos que as políticas e os organismos responsáveis prestem atenção para reduzir a taxa da cidade.

B. Condições de acidente nas estradas de Dukem: Apesar de a cidade ser o centro económico e de mercado mais importante, tem enfrentado acidentes nas estradas que afectam muitas propriedades e vidas. A condição de acidente pode ser facilmente identificada olhando para a tabela de intensidade de tráfego de Akaki a Bishoftu, que é tão alta quando comparada com as outras e obras anteriores na rota (Anexo I, Tabela A-22).

1. Dukem Koticha (Ada'a): O local encontra-se numa encosta mais íngreme, coordenadas 08046.855N, 038055.126E, a elevação do local é de 1918m acima do nível do mar e fica a 39km do município de A.A. Regista uma frequência de acidentes de 48 para uma intensidade de veículos de 7512 AADT.

Durante a observação do tráfego rodoviário no caminho de Dukem ou Koticha foram recolhidas algumas das seguintes situações. A frequência média de acidentes na estrada é registada em cerca de 48 em comparação com os outros anos. Há um excesso de velocidade dos condutores e não há presença de peões e de carrinhos ou caminhos para animais separados das estradas principais (asfalto). Há animais circulando livremente na rua principal e falta de conscientização da comunidade sobre a rota. Semáforos e sinais de trânsito insuficientes e demasiado espaçados.

2. Em frente ao Hotel Ziquala (Ada'a D.Zeit): O local está situado na área de declive acentuado e invisível (obstáculo) Coordenada 08045.049N, 038057.437E, Elevação de 1906m acima do nível do mar, a uma distância de 43 km com frequência de acidentes de 51 em média que ocorre por 7512 intensidade de tráfego de contagem AADT. As causas possíveis para os acidentes de viação nas rotas são as seguintes: falta de sinais de trânsito, excesso de velocidade, situação existente vs. velocidade permitida, serviço rodoviário para todos os utentes da estrada, ausência de caminhos para peões, carroças, ciclistas e animais.

3. Nova estação de autocarros (D.Zeit): A gravidade dos acidentes é grande nesta zona, porque as bermas da estrada estão rodeadas de campos de futebol, mesquitas, população de carros, estação de autocarros (nova) e outros passageiros. O congestionamento destas populações aumenta o número de acidentes nesta via quando o jogo de futebol começa e acaba, quando a hora da mesquita está a decorrer, quando as pessoas precisam de transporte e quando saem de casa para o emprego e regressam a casa depois do emprego. A frequência de acidentes nesta zona é de cerca de 46 vezes nos eventos ocorridos.

O local situa-se na zona de declive acentuado e invisível (obstáculo), coordenada 080 44.999N, 038058.189E, altitude de 1884m, a uma distância de 46 km, com uma frequência média de acidentes de 46, que ocorre com uma intensidade de tráfego de 7512 na contagem de AADT. As causas possíveis para o acidente de trânsito nas rotas são: devido à falta de sinais de trânsito e sinais, problema de excesso de velocidade, situação existente vs. velocidade permitida, serviço rodoviário para todos os utilizadores da estrada, sem caminhos para peões, carrinhos, ciclistas e animais e existência de serviço social nas curvas em que está fora da vista dos condutores.

5. **D.Zeit Kebele 03 e em frente ao Ada'a Hotel:** O local encontra-se numa encosta suave, com as coordenadas 08044.887N, 038058.607E, a altitude do local é de 1898m acima do nível do mar e fica a 47km do município de A.A. Em frente ao hotel Ada'a, a frequência de acidentes foi de 27, devido às caraterísticas da estrada, que tem um declive suave. Neste local, o número de acidentes é elevado devido ao excesso de velocidade, ao congestionamento da população, à existência de animais, à ausência de sinais de trânsito adequados e à existência de serviços sociais, como hotéis, carreiras de carros, antigo terminal rodoviário, escritórios kebele 03 e vias férreas, nas imediações das principais vias. As principais causas dos acidentes de viação são o congestionamento, a circulação de animais na estrada, os veículos como carroças e bicicletas, o excesso de velocidade, a falta de cuidado dos peões e a ausência de sinais de trânsito, bem como a ausência de polícia de trânsito.

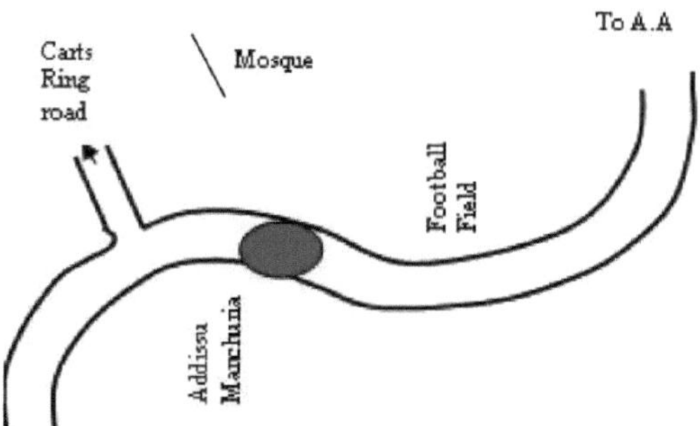

Figura 3.4: **Nova estação de autocarros (D.Zeit) envolvente**

5. Esquadra da Polícia e Hotel Turístico (D.Zeit): O local encontra-se numa encosta suave, coordenadas 08044.868'N, 038059.004'E, e a elevação do local é de 1898m acima do nível do mar e fica a 47km do município de A.A com 9645 AADT de contagem de tráfego.

As principais causas dos acidentes de viação são o congestionamento de todos os utentes da estrada, o local de aglomeração das actividades económicas, a circulação de animais na estrada, os veículos como carroças, bicicletas, o excesso de velocidade, a falta de cuidado dos peões e a ausência de sinais de trânsito e de polícia de trânsito. Na zona da esquadra da polícia e do hotel turístico, a frequência de acidentes registada foi de 13. A frequência de acidentes é muito baixa porque nesta zona os condutores não podem acelerar porque a polícia controla e penaliza o trânsito. Têm medo da polícia de trânsito e conduzem com cuidado.

6. D.Ziet Ayer Hail 1st Get e Desalegn Shop: O local situa-se numa encosta suave, com as coordenadas 08044.553N, 038059.506E, e a elevação do local é de 1896m acima do nível do mar e fica a 48km do município de A.A., com uma contagem de tráfego de 7512 AADT.

Na entrada do primeiro portão de Ayer Hail, a frequência de acidentes é elevada, registando-se 51 acidentes por ano. O problema mais grave deve-se à falta de visibilidade, ao excesso de velocidade, à inclinação do declive, à instalação inadequada de sinais de trânsito, ao facto de ser um local de grande atividade social e económica, às paragens de autocarros urbanos, aos cruzamentos rodoviários ou ao campus nas curvas e aos cruzamentos rodoviários nas curvas, o que provoca um elevado congestionamento do tráfego.

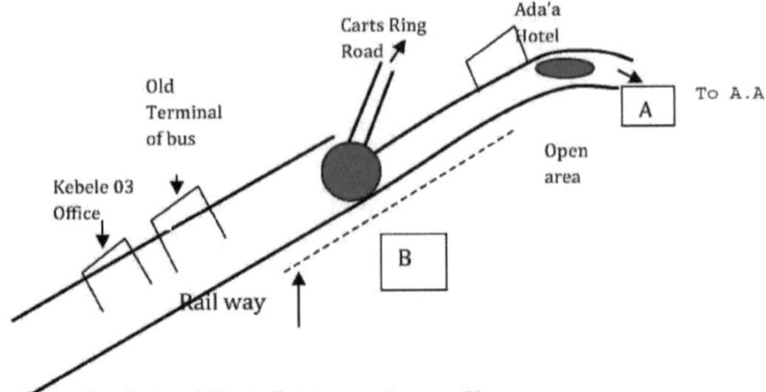

Source: ETA National Roads Safety coordinator office

Figura 3.5 Acidente em Debreziet Kebele 03 e em frente do hotel Ada'a

7. D.ZEIT AYER HAIL 2nd & 3rd GET: O local situa-se numa encosta suave, com as coordenadas 08043.737N, 039000.208E, e a elevação do local é de 1881m acima do nível do mar e fica a 49km do município de A.A., com 6861 AADT de tráfego, o que resulta numa frequência de 12 acidentes neste local. A maioria dos acidentes ocorre devido a: Excesso de velocidade e falta de sinais de trânsito, maior fluxo de tráfego, cruzamentos rodoviários e obstáculos à visão dos condutores, indisponibilidade de carrinhos e caminhos para peões, falta de utentes da estrada e presença de estradas curvas em ziguezague, portões de campus nas curvas.

A percentagem máxima de contribuição para os acidentes na Dukem é a de quinta-feira, sábado e domingo, porque são os dias de mercado e os fins-de-semana em que as pessoas vão para as estradas e centros recreativos. Alguns também se embebedam e cambaleiam no caminho e sofrem acidentes de trânsito enquanto balançam aqui e ali.

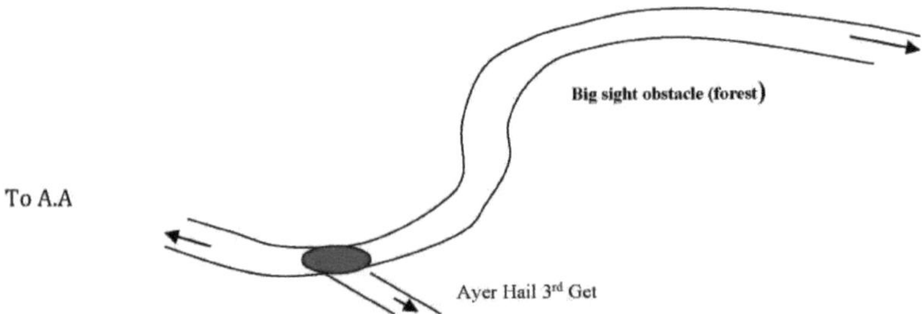

Fonte: Gabinete do coordenador nacional de segurança rodoviária da ETA

Figura 3.6 D.zeit Ayer Hail 2nd & 3rd obter situações de acidente

Quadro 3.2: Contribuição dos acidentes diários de 2007/08

R. não	Dia	Montante	%partilha
1	Segunda-feira	3	13.6%
2	Terça-feira	1	4.5%
3	Quarta-feira	2	9.1%
4	Quinta-feira	4	18.2%
5	Sexta-feira	3	13.6%
6	Sábado	5	22.7%
7	Domingo	4	18.2%
	Total	22	100%

3.1.3: Estradas de Bishoftu a Modjo (Ayer Hayil)

Antecedentes das estradas: Bishoftu situa-se na zona Este-Sul de Adis Abeba, a 45 km de A.A., sendo conhecida por ter uma elevada intensidade de tráfego, uma vez que as estradas do porto etíope passam pela cidade. A cidade está concentrada em duas escolas secundárias, uma preparatória e outras muitas escolas primárias, incluindo dois colégios, o que pode contribuir para o aumento do número de habitantes na rua das estradas de Bishoftu. **Situação do mercado**: A situação do mercado da cidade é muito atractiva porque a cidade está estabelecida na principal via da rua dos portos do nosso país e tem um elevado número de habitantes. A situação do mercado é muito atractiva porque a cidade está estabelecida na rua principal dos portos do nosso país e tem um elevado número de habitantes. O dia de mercado da cidade é maioritariamente na quinta-feira, sábado e terça-feira da semana. Durante esses dias, a população da cidade aumenta à medida que os utilizadores do mercado se juntam a partir de diferentes ângulos ou direcções. A taxa máxima de acidentes medida desta forma foi em 2007/08, o que representa cerca de 46% do total de acidentes ocorridos. Só a taxa de mortalidade grave foi de cerca de 21% nos mesmos anos do acidente. Foram registados 21% de feridos graves, alguns dos quais podem chegar à morte. Os danos materiais registados neste ano foram de cerca de 46% na rua de Bishoftu. Foram identificados 12% de feridos ligeiros nestas ruas durante o registo de acidentes pelos membros da polícia de trânsito de Debreziet. A comparação dos acidentes nos quatro anos nesta estrada é mostrada no Apêndice IV, Fig A-6, que mostra que 30,37% dos acidentes foram cobertos no recente ano 2000E.C e 20,55% da taxa percentual de acidentes foi registada em 1999E.C. O restante 1997 e 1998 E.C realizam no total 49%, cada um contribuindo com 23,62% e 25,46%, respetivamente. A análise mostra-nos que a taxa de acidentes está a aumentar de ano para ano e espera-se que sejam tomadas medidas severas.

O custo total estimado do acidente na estrada de Debreziet

Quadro 3.3: Estimativa do custo do tráfego nas estradas de Debreziet (1997-2000 E.C.)

/n	Anos (E.C)	Estimativa do custo dos bens danificados	Total
	1997	748,500	**3,816,600** Birr
	1998	779,700	
	1999	817,900	
	2000	469,500	

A maior parte dos acidentes rodoviários registados nesta via deve-se às seguintes razões O problema de conceção da rede rodoviária, que é demasiado estreita para a passagem de dois ou mais veículos em simultâneo. Mas a intensidade do tráfego nestas estradas está a aumentar, conforme registou o departamento de contagem da intensidade do tráfego da Autoridade Rodoviária Etíope (ERA). Este elevado fluxo de tráfego nesta via deve-se ao facto de o porto terrestre do país com países estrangeiros se situar na rota de Djibuti. Em especial, o tráfego é elevado no trajeto de Galan para Mojjo devido à ramificação da estrada que começa no cruzamento de Mojo e liga Nazreth, Hawassa e Djibouti, onde os veículos se multiplicam e se fundem, tornando o trajeto congestionado e com elevada intensidade de tráfego.

Tabela 3.4: Ocorrência diária de acidentes de viação no Mojjo (2008/09)

R.não	1	2	3	4	5	6	7	Total
Tipos de acidentes	Segunda-feira	Terça-feira	Quarta-feira	Quinta-feira	Sexta-feira	Sábado	Domingo	
Acidentes registados	15	10	11	6	16	19	23	101

% de quota	15%	10%	11%	6%	16%	19%	23%	100%

Fonte: Comissão de polícia de trânsito de East shewa (2008/09)

O número máximo de acidentes com pessoas e animais, com danos materiais, regista-se nas semanas do dia, consideravelmente à **segunda-feira, sexta-feira, sábado e domingo**. O maior número de acidentes registados ao domingo contribui com uma percentagem de 23%, tal como indicado na tabela 3.4 acima. As causas possíveis são o excesso de velocidade e o facto de ser um dia em que as pessoas e os condutores se dirigem para o local de trabalho ou regressam do local de trabalho, e o facto de ser um dia de lazer, como o domingo, congestionar a população rodoviária durante esses dias. Em segundo lugar, o facto de as pessoas e os animais terem liberdade para se deslocarem a outros locais dá-lhes a oportunidade de encherem as estradas nesses dias. Nesses dias, os condutores estão embriagados, mastigam, fumam ou são viciados em estimulantes e excedem os limites de velocidade devido a esses vícios.

Isto motiva-os a não dar prioridade aos utentes da estrada ou à sua própria vida em qualquer altura do tempo que possa ocorrer.

1. **Keta Woregenu (Ada'a):** O local está situado numa encosta suave, com as coordenadas 08^0 43.096N, 039^0 00.739E, e a elevação do local é de 1871m acima do nível do mar e fica a 52km do município de A.A., com 6861 AADT de tráfego, resultando na ocorrência frequente de 26 acidentes neste local. Algumas das principais razões para a ocorrência de acidentes são as seguintes

Excesso de velocidade e de velocidade com uma viagem longa, falta de fiscalização da polícia de trânsito e falta de sinalização, negligência dos condutores e a inclinação do percurso com topografia ondulada e à volta da estrada há agricultores que atravessam e se acidentam facilmente durante a travessia.

2. **Kumbursa (Ada'a):** O local situa-se numa encosta suave, com as coordenadas 08^0 42.096N, 039^0 01.739E, e a elevação do local é de 1888 m acima do nível do mar, estando a 54 km do município de A.A., com 6861 AADT de tráfego, resultando na ocorrência de 83 acidentes neste local.

O estudo mostra-nos que a maioria dos factores causadores de acidentes são os seguintes

Problemas de obstáculos à vista, rectas longas e sem sinais, excesso de velocidade e estradas que servem todos os utentes, declives relativamente acentuados com topografia ondulada são alguns dos principais problemas para a ocorrência de acidentes.

1. **Hude Kebele G/M (Ada'a, Bermudas):** O local situa-se numa encosta suave, com as coordenadas 08^0 40.579N, 039^0 02.688E, e a altitude do local é de 1852 m acima do nível do mar, situando-se a 57 km do município de A.A., com 6861 AADT de tráfego, o que resultou na ocorrência de 35 acidentes neste local.

Hude Kebele G/M em Adda Bermuda tem a frequência de acidentes de acordo com o estudo 35 por fluxo de tráfego de 6861 devido a algumas das seguintes razões. A distância rectilínea de 10 km sem sinal que limite o excesso de velocidade dos condutores, os obstáculos à visão e o excesso de velocidade dos condutores nesta zona, a falta de estradas separadas para peões e animais da rota dos veículos e a falta de sinais de trânsito

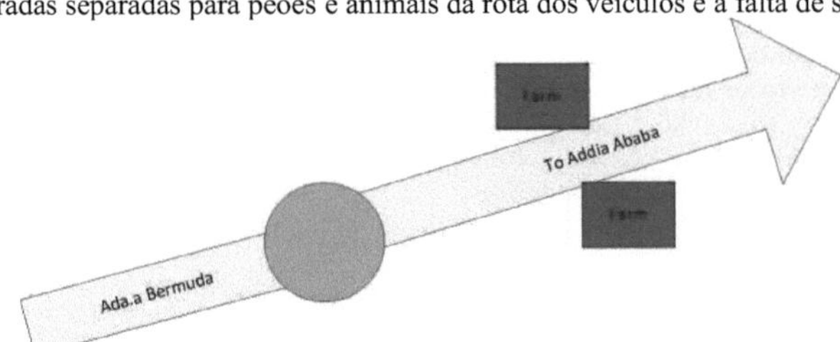

Fonte: Gabinete do coordenador nacional de segurança rodoviária da ETA

Figura 3.7: Secção de estrada de Hude kebele g/m (Adaa, Bermudas)

3. **Beyu Besike:** O local situa-se numa encosta suave, com as coordenadas 08039.449N, 039^0 03.653E, e a elevação do local é de 1837m acima do nível do mar, situando-se a 62km do município de A.A., com uma contagem de tráfego de 6861 AADT, resultando na ocorrência de 21 acidentes neste local. Na região de Beyu Beseke, a intensidade do tráfego é de 6 861 AADT e a maioria dos acidentes ocorreu com frequência, cerca de 21, o que é pouco quando comparado com o que foi visto até esta secção. Algumas das razões para a ocorrência de acidentes durante a observação são O declive do percurso com cerca de 3 km de comprimento, o excesso de velocidade comum a todos, a ausência de sinalização, a utilização incorrecta das estradas por peões, animais e carroças com obstáculos à visão

4. 1.4 Modjo Antecedentes e estrada

Inspeção do local: Na altura da inspeção, os veículos de transporte público utilizavam o cruzamento para apanhar e largar passageiros. Em especial, os condutores de mini-autocarros não respeitavam as regras de trânsito nos locais. Não havia sinais de trânsito à volta do cruzamento e os veículos circulavam acima dos limites de velocidade.

Situação do mercado

A situação do mercado da cidade é muito atractiva porque a cidade está estabelecida na principal via da rua dos portos do nosso país e tem uma população muito congestionada. Por isso, é confortável para o comércio e a comercialização. O dia de mercado da cidade é maioritariamente a quinta-feira da semana. Durante este dia, a população da cidade aumenta de diferentes ângulos, uma vez que se junta à população do campo. Por conseguinte, o aumento da população e as condições do dia de mercado podem resultar numa elevada taxa de acidentes, a menos que as políticas e os organismos responsáveis prestem atenção para reduzir a taxa da cidade.

Perfil dos acidentes na Rota do Mojo

1. **Shara Dibandiba (Lome):** O local situa-se numa encosta suave, coordenadas 08^0 37.964N, 039^0 05.198E, e a elevação do local é de 1819m acima do nível do mar e fica a 64km do município de A.A. com 6861 AADT de contagem de tráfego resultando na ocorrência de 21 acidentes neste local. Na observação, a maioria dos acidentes rodoviários ocorre devido às seguintes razões. A estrada é utilizada por todos os utentes, o excesso de velocidade, a indisponibilidade e a má colocação de sinais de trânsito, os comerciantes, cavalos, burros, animais, pessoas, etc., congestionam as estradas. A vegetação actua como obstáculo à visão aqui, algumas vendas artesanais úteis como mercado e terras agrícolas em redor do local podem aumentar a complexidade dos percursos.

2. **Mojo Megbia Shoa Goga (Lome):** O local situa-se numa estrada íngreme, curta e curva, com as coordenadas 08^0 35.819N, 039^0 06.690E, e a elevação do local é de 1762m acima do nível do mar e fica a 67km do município de A.A., com 6861 AADT de tráfego, resultando na ocorrência de 10 acidentes neste local. As razões mais comuns para as ocorrências de acidentes são Em 3 grandes dias de mercado, a intensidade do tráfego é elevada, como a terça-feira,

Quinta-feira e sábado e falta de sinais de trânsito adequados, congestionamento elevado e excesso de velocidade, cruzamentos na zona das pontes e obstáculos à visão são algumas das causas mais comuns da gravidade dos acidentes nesta via.

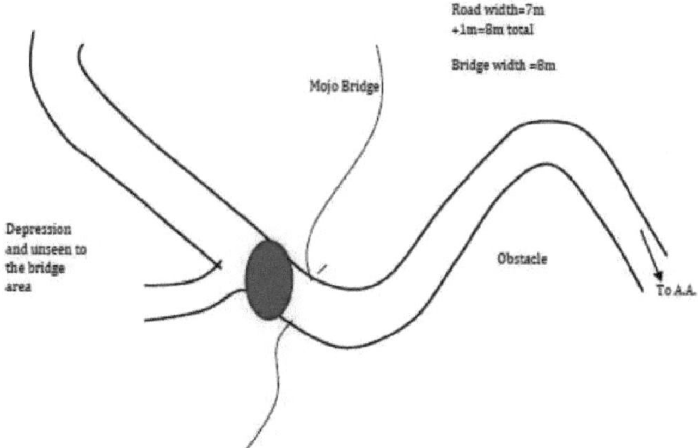

Fonte: Gabinete do coordenador nacional de segurança rodoviária da ETA

Figura 3.8: Secção da estrada Mojo Megbia shoa goga (lome)

3. **Fatole / Chancho Megenteya (Lome):** O local situa-se numa encosta suave, coordenadas 08^0 32.967N, 039^0 05.826E, e a elevação do local é de 1753m acima do nível do mar e fica a 73km do município de A.A. com contagem de tráfego AADT de 1975 resultando em 20 acidentes ocorridos neste local. A taxa de frequência de acidentes é de 20 para a intensidade de tráfego de 1975 a partir de dados de contagem AADT. As principais causas dos acidentes são: Percurso reto e longo e curva no final e ausência de controlo de tráfego, declive acentuado, excesso de velocidade e falta de sensibilização dos utentes da estrada, ocorrência de congestionamento devido aos agricultores, localizados em redor com o seu gado e animais.

4. **Tede e Jego Gidada (Lome):** A localização dos pontos (Tede) e (Jogo) encontram-se em declive suave,

muito íngreme, coordenadas de 08033.551N, 039010.796E, 08032.828N, 039011993E e a elevação do local é de 11847m, 1832 m acima do nível do mar e fica a 76km, 78m do município de A.A com contagem de tráfego AADT de 1975 resultando em 27, 12 acidentes ocorridos nestes locais respetivamente. A maioria dos acidentes ocorreu na entrada da cidade de Mojo, com uma frequência de 27 acidentes, e em Natheret, onde cerca de 12 acidentes ocorreram no ponto B da estrada. Estes acidentes ocorreram devido ao excesso de velocidade, à natureza das estradas curvas em ziguezague, à ausência de todos os sinais de trânsito

sinais e sinais, ausência de controlo policial do tráfego e curvas demasiado inclinadas e acentuadas.

5. **Koka Negawa (Lome):** O local situa-se na coordenada 8025.667N, 039001.637E, altitude de 1600m e distância de A.A 92km. A contagem do tráfego registou uma intensidade de 1975 de veículos que causam uma frequência de acidentes de 10 em média. Durante as observações, os factores mais comuns que causam acidentes nesta estrada são os seguintes Excesso de velocidade, animais em movimento livre, reta e relativamente longa, ausência de controlo do tráfego, negligência dos condutores, obstáculos invisíveis (obstáculos à vista)

6. **Tuka Langano Kebele G/M (Borae):** A coordenada da área encontra-se na coordenada 08016.559'N, 038055.467'E, elevação de 1683m, distância de 112km, contagem de AADT é 1975; a frequência de acidentes nesta rota é de 11, comparativamente. Durante a observação e o estudo de campo, foram identificadas as seguintes razões combinadas para a ocorrência de acidentes. A estrada tem um declive acentuado, o excesso de velocidade é elevado, é rectilínea e longa (10 km), há congestionamento do fluxo de tráfego na estrada, existem obstáculos à visão, ausência de controlo do tráfego e de sinalização, a serventia para todos os utentes da estrada (peões, carrinhos, veículos e outros animais) são algumas das causas comuns do acidente.

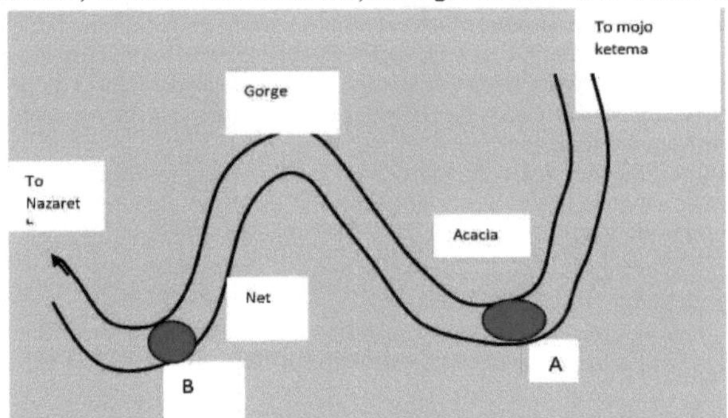

Fonte: Gabinete do coordenador nacional de segurança rodoviária da ETA

Figura 3.9: Troço de estrada entre Tede e Jego Gidada (Lome)

7. **Malima Beri (Bora):** O local situa-se na zona de declive acentuado e invisível (obstáculo), coordenadas 08^0 19.260N, 038^0 58.225, altitude de 1623m, distância de 115km com uma frequência de acidentes de 19 em média, o que ocorre em 1975, com a intensidade de tráfego da contagem AADT. As causas possíveis para os acidentes de viação nas rotas são as seguintes Sinais de trânsito e sinais em mau estado de instalação, problema de excesso de velocidade, situação existente vs. velocidade permitida, serventia para todos os utentes da estrada, ausência de caminhos para peões, carros, ciclistas e animais, sinais de trânsito e sinais em mau estado de instalação.

8. **Oda Bokota G/M (Dugida):** Encontra-se no local de declive suave, Coordenada 08^0 10.027N, 038^0 50.410E, Elevação 1668M, e Distância 132km. A frequência de acidentes é de 11 por 1975 ADDT intensidade de tráfego devido à existência de animais em movimento livre, excesso de velocidade, estrada serve todos os utilizadores, e sinais de trânsito insuficientes. A auscultação de acidentes de viação na cidade está a aumentar de tempos a tempos à medida que o número de veículos que passam pela cidade aumenta.

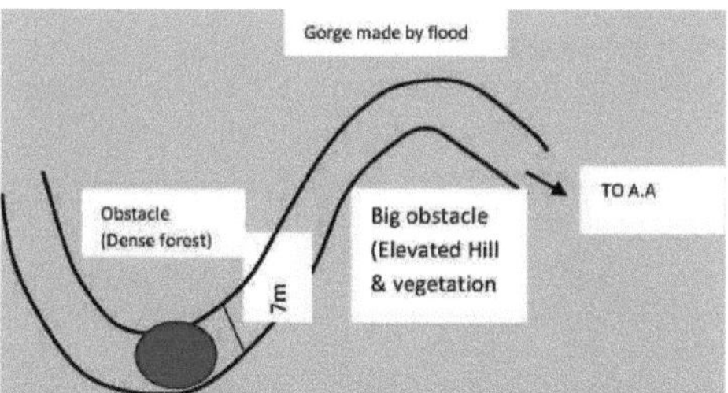

Fonte: Gabinete do coordenador nacional de segurança rodoviária da ETA

Figura 3.10: Secção da estrada de Malima Beri (Bora)

As lesões causadas por acidentes de viação na cidade de Mojjo e arredores em 2000 E.C., representando a morte, ferimentos graves, ferimentos ligeiros e danos materiais. Quando comparamos os quatro tipos de lesões, a fatalidade ou morte é de 37,50% neste percurso, que partilha a taxa percentual mais elevada. O segundo tipo de lesão mais elevado são os danos materiais, que representam 32,14% do total de acidentes ocorridos neste ano. O terceiro dano registado é o de ferimentos graves, que representa uma percentagem de 16,07% do total. O menos importante, mas não o mais simples, são os ferimentos ligeiros, que representam 14,29% do total. Podemos concluir que a taxa de mortalidade nesta via é a mais elevada, uma vez que os veículos que passam por ela são em grande número e os condutores não têm o cuidado de abrandar. A sensibilização da população para os acidentes de viação ainda não foi introduzida na zona através dos meios de comunicação social, da publicidade e dos fóruns de sensibilização.

3.1.5 Estradas de Modjo a Arsinegele

Entre Modjo e Arsinegele, existem pequenas cidades como Koka, Alemtena, Meki, zuway, Addamituillu e Bulbulla. A gravidade dos acidentes e a intensidade do tráfego rodoviário não são muito exageradas nestas ruas, de acordo com os dados obtidos.

A estação da cidade de Meki situa-se na estação 128+100-131+240 de distância do centro do país, Addis Abeba. A cidade é muito pequena, mas a ocorrência de acidentes é relativamente elevada. Estas ruas foram construídas com materiais de cascalho, sendo a passagem para os outros sectores do Norte ou do Sul feita apenas num sentido. Nestas estradas, durante o inquérito, o autor constatou que não havia qualquer polícia de trânsito à volta das zonas de paisagem. Os carros velozes andam muito depressa quando se olha para o velocímetro, que indica cerca de 120 km por hora.

1 Ponte Meki (Dugida): O local situa-se nas coordenadas 08^0 09.043E e 038049.339N, com uma altitude de 1669m e a 134km de distância de A.A. A frequência de acidentes registada nesta via é de 15 em média, o que se deve à presença de uma intensidade de fluxo de veículos de 1975, centros comerciais nas imediações, presença de pontes, excesso de velocidade, congestionamento do fluxo de tráfego, curva acentuada, ziguezague, ausência de vias circulares para carroças, animais e peões, natureza longa e invisível da estrada do lado de A. A., sinalização existente e necessidade de repôr os sinais de trânsito.A, a sinalização existente e a necessidade de reparação dos sinais, a presença de cruzamentos na entrada da ponte, etc., são alguns dos factores comuns dos acidentes de viação.

2 . Meki Kebele 01 (Dugida): O local está situado nas coordenadas 08^0 08.999N e 038^0 49.211E, com uma altitude de 1664 m e a 134 km de distância de A.A. A frequência de acidentes registada neste itinerário é de 27 em média, o que se deve à presença de 1975 intensidade do fluxo de veículos, centros comerciais circundantes, presença de pontes, escola de Aziz Bilal, excesso de velocidade, centro urbano, cruzamento, congestionamento do fluxo de tráfego, curva acentuada, ziguezague, ausência de vias circulares para carroças, animais e peões, natureza longa e invisível da estrada do lado de A. A., sinalização existente e necessidade de reparação.A, a sinalização existente e a necessidade de retoques, a presença de entroncamentos na entrada da ponte, etc. são alguns factores comuns aos acidentes de viação. Esta estrada do centro urbano resulta numa elevada frequência de acidentes de 27, comparativamente.

Os mini-autocarros de transporte público utilizam as bermas e os espaços laterais da estrada para recolher e largar passageiros. O principal problema é a mistura de tráfego dentro da área de influência. A população da cidade de Bulbula é muito grande e está sobrelotada porque a estrada é muito estreita e só há uma maneira de toda a população usar a massa terrestre. Durante a pesquisa, o que se notou foi que havia muitos estudantes no caminho ao longo do percurso, enquanto a hora era cerca de 8:00AM, 12:30 P.M e 5:00 P.M dos dias. Esta intensidade de fluxo de população na cidade indica que a ocorrência de acidentes é maior para os condutores que conduzem depressa. Os mercados, os serviços públicos, as cafetarias e os hotéis estão todos situados na estrada principal. Por isso, a intensidade do congestionamento é elevada. Os animais que circulam na rua são tantos que podem estar expostos a acidentes.

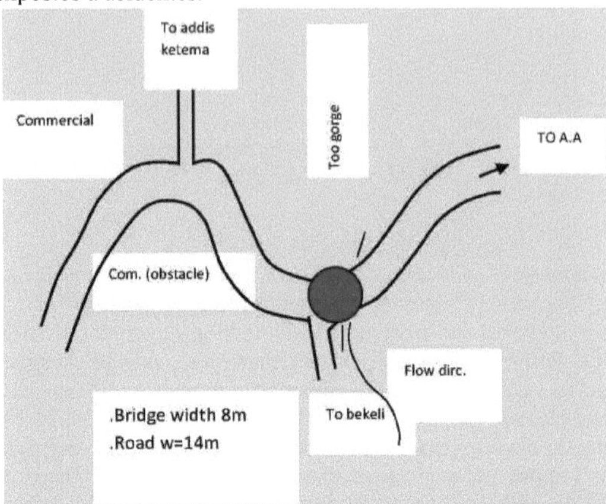

Fonte: Gabinete do coordenador nacional de segurança rodoviária da ETA

Figure 3.11: Troço rodoviário da ponte Meki (dugida)

A outra cidade é Arsinegele, junto à paisagem de Bulbula. É povoada com muitas intensidades de tráfego. A população durante o dia do inquérito estava demasiado congestionada porque era dia de mercado, na terça-feira. O horário escolar, o fim do horário de trabalho e a hora da manhã são horas de congestionamento com a população da zona. Estes factores contribuem para a elevada taxa de mortalidade por acidentes de viação na cidade. Os factores de maior congestionamento são as pessoas, as carroças e os animais que circulam livremente nas estradas da região. Os automóveis que passam por estas cidades vindos de Adis Abeba ou de Shashamene circulam a uma velocidade excessiva, o que, durante o período de congestionamento, provoca acidentes graves com a população altamente congestionada dos utentes da estrada.

A situação dos acidentes de viação

1. **Elka Chalomo /Ziway/:** Encontra-se na encosta de um terreno suave, na coordenada 08^{0} 00.024N, 038043.425E, a uma altitude de 1652m e a uma distância de 151km de Adis Abeba. A frequência de acidentes por intensidade de tráfego de 1465 é de 16 em média.

A principal causa da ocorrência de acidentes neste percurso é o excesso de velocidade, o problema das inundações, a falta de espaço para os animais circularem livremente, uma vez que tem de ser um caminho para o gado, relativamente plano e reto.

4. **Ado Kontola:** A estrada encontra-se em declive suave, nas coordenadas 037^{0} 58.239'N, 038^{0} 43.229'E, altitude de 1448m, e a uma distância de 155km de AA. A frequência de tráfego registada nesta estrada é de 16, devido a excesso de velocidade, trajeto retilíneo e demasiado longo, servindo todos os utentes da estrada, ausência de passeios laterais, venda de produtos hortícolas e marinhos à volta da estrada, ausência de fiscalização por parte da polícia de trânsito, insuficiência de sinais de trânsito e intensidade de tráfego elevada de 1465 AADT.

5. **Gerbi Gelgile Ersha Limat (Adami Tulu):** Encontra-se na coordenada de 07054.131N, 0380 42.734E, elevação acima do nível do mar 1652m, e distância de A.A 162km. A ocorrência mais frequente de acidentes de trânsito é 22 por AADT 1465 veículos.

A principal causa da área circundada por Ershaseble deve-se ao excesso de velocidade, ao facto de os condutores de Isuzu usarem luzes longas durante a noite e dificultarem a vida aos condutores do lado oposto, à inexistência de um caminho para as carroças, que leva a maior vítima em burros e carroças, e à insuficiência de sinais de trânsito e de sinais de trânsito, que são os defeitos do local para evitar a ocorrência de acidentes, enquanto o mecanismo de proteção necessário não é cumprido.

6. **Wollen Bula (Ziway):** O local situa-se na encosta suave do terreno de fuga, coordenada de 08002.955N, 038043.789E, elevação de 1669m, a uma distância de 164km de A.A. O acidente mais frequente ocorre por 1465 intensidade de tráfego de veículos é cerca de 14 por ano em média. As principais causas da ocorrência de acidentes são as seguintes.

Insuficiência de sinais de trânsito, excesso de velocidade e de serviço para todos os utentes da estrada, ausência de fiscalização da polícia de trânsito e falta de acompanhamento dos organismos responsáveis.

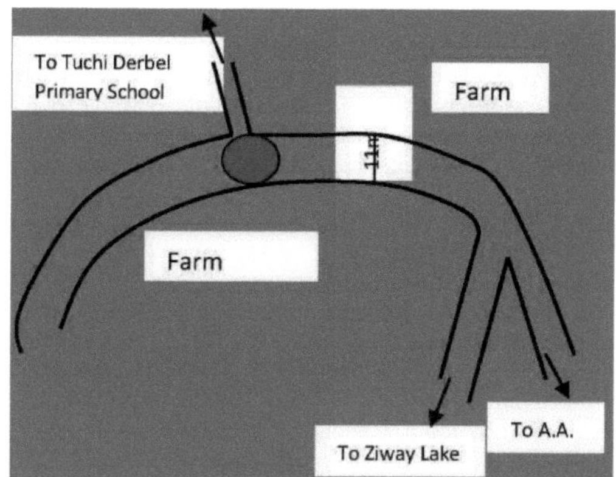

Fonte: Gabinete do coordenador nacional de segurança rodoviária da ETA

Figure 3.12: Troço de estrada de Wollen Bula (Ziway)

7. Anano Shisho (Adami Tulu): O local está situado na encosta suave do terreno, coordenado por 07^0 49.548N, 038^0 41.149E, a uma altitude de 1658m, a uma distância de 164km de A.A. O acidente mais frequente ocorre em 1465 intensidade de tráfego de veículos é de cerca de 17 por ano, em média. As principais causas da ocorrência de acidentes são as seguintes.

- Os animais que se deslocam livremente congestionam a estrada
- Presença de terrenos agrícolas à volta da estrada
- Sinais de trânsito insuficientes
- Excesso de velocidade m e Serve para todos os utentes da estrada
- Ausência de controlo e acompanhamento por parte da polícia de trânsito

8. Meneharia Sefer (Adami Tulu Ketema): O local está situado na encosta suave do terreno de fuga, coordenada de 07^0 51.715N, 038^0 42.470E, elevação de 1648m, a uma distância de 166km de A.A. O acidente mais frequente ocorre em 1465 intensidade de tráfego de veículos é de cerca de 12 por ano em média. As principais causas da ocorrência de acidentes são as seguintes. Animais em movimento livre congestionam a estrada, presença de estabelecimentos comerciais, residências e centros de investigação agrícola de Addami-Tulu à volta da estrada, sinais de trânsito e de sinalização bem distribuídos, mas insuficientes, excesso de velocidade e serviço para todos os utentes da estrada, ausência de fiscalização e acompanhamento por parte da polícia de trânsito.

9. Arba Kebele (Adame Tulu): O local situa-se na encosta suave do terreno de fuga, coordenada de 07^0 45.993N, 038^0 38.903E, elevação de 1638m, à distância de 174km de A.A. O acidente mais frequente por 1465 intensidade de tráfego de veículos é de cerca de 12 por ano em média. As principais causas da ocorrência de acidentes são as seguintes.

- Animais em movimento livre congestionam a estrada, presença de terras agrícolas em redor da estrada
- Sinais e sinais de trânsito mal distribuídos; excesso de velocidade m e Serve para todos os utentes da estrada, Ausência de fiscalização e acompanhamento por parte da polícia de trânsito.

10. Bulbula Shell /Adame Tulu /: O local está situado num terreno relativamente íngreme, coordenado a 07^0 43.674N, 038^0 38.719E, e a uma altitude de 1608m, a uma distância de 183km de A.A. O acidente mais frequente ocorreu em 1465, a intensidade do tráfego de veículos é de cerca de 10 em média. As principais causas da ocorrência do acidente são as seguintes. Animais em movimento livre congestionam a estrada, presença de terrenos agrícolas à volta da estrada, local de atividade socioeconómica e com melhores passeios, mas não utilizados pelos utentes da estrada, sinais de trânsito não distribuídos de forma equitativa; excesso de velocidade para todos os utentes da estrada, ausência de fiscalização e acompanhamento por parte da polícia de trânsito.

11. Urufu Lole /Bulbula /:O lugar está localizado na fuga de terra de declive relativamente íngreme, coordenação de 07^0 43.5N, 038^0 38.4E, e elevação de 1615m, na distância de 184km de A.A. acidente mais frequente ocorrendo por 1465 intensidade de tráfego de veículos é de cerca de 14 por ano, em média. As principais causas da ocorrência de acidentes são as seguintes.

Animais em movimento livre congestionam a estrada, presença de terras agrícolas à volta da estrada, vedações de proteção danificadas, elevado fluxo de tráfego, sinais de trânsito e sinais não distribuídos de forma justa; excesso de velocidade e servidão para todos os utentes da estrada, ausência de fiscalização da polícia de trânsito e falta de acompanhamento. Os acidentes causados pela elevada intensidade do fluxo de tráfego nestas vias são elevados.

As consequências da taxa de mortalidade e dos danos materiais são quase iguais nestas secções das estradas, sendo de 40% e 38%, respetivamente.

O número máximo de acidentes de viação registou-se em 2000E.C. nesta via e, em segundo lugar, em 1996 e 1997, respetivamente. Nos dois anos restantes, registou-se um declínio, mas no ano seguinte registou-se o maior aumento (ver informação adicional no Apêndice IV, Fig. A-7). A taxa de mortalidade máxima nesta via é de 35% e os danos materiais de 32%. Os restantes 14% e 19% correspondem a lesões corporais ligeiras e lesões corporais graves, respetivamente.

3.1.6. Arsinegele para Tukur Wuha Estradas

A estação da cidade de Arisi Negele situa-se a uma distância de 223+700-225+600 estradas. Os veículos circulavam a alta velocidade e muitos condutores violaram o limite de velocidade durante o período de inspeção. O número de entradas ou pontos de acesso por quilómetro é muito elevado. O burro e os cavalos, ou seja, as carroças que transportam contentores de plástico, estão sobrecarregados. A intensidade do tráfego é maior do que as anteriores. Uma carroça pode transportar em média 6-8 contentores de plástico. A área da rede rodoviária é estreita para permitir a passagem de dois ou mais utentes da estrada e veículos ao mesmo tempo. Não existe:

J Referência no meio da estrada

J Peões e carrinhos de mão que separam as estradas

J Polícia de trânsito que controla os fluxos da intensidade do tráfego

J Limite de velocidade para os veículos particulares e de passageiros

J Cuidar dos animais e das pessoas que se cruzam

J Passagem para peões pelo menos a 100 m de distância

O local situa-se nalguns terrenos baixos e noutros altos. A variação da paisagem também contribui para a ocorrência do acidente mais forte.

O gráfico de linhas (Apêndice IV, Fig. A-5) mostra claramente que os números da intensidade do tráfego estão a aumentar muito a partir de 2004 até 2007. Este facto deve-se à procura de veículos por parte da população do nosso país. A sinistralidade no mesmo eixo hierárquico aumenta de tempos a tempos à medida que a intensidade do tráfego aumenta. (ver informação adicional no Apêndice IV, Fig. A-8) mostra que o acidente de viação causou 49 feridos mortais, 45 feridos graves, 41 feridos ligeiros, 65 danos materiais e um total de feridos no espaço de dois anos, 200 danos pessoais e materiais. O número máximo de acidentes de viação em Arsi negele num dia da semana ocorre na quinta-feira, dia em que o mercado da zona cria um ambiente de sobrelotação e o acidente provoca cerca de 19% de feridos. Os dias seguintes são o sábado e o domingo, em que as pessoas precisam de ter tempo de lazer e recreio. Durante estes dias, os acidentes são muito graves, uma vez que as pessoas precisam de caminhar ao fim da tarde. Os acidentes também se registam à segunda-feira. As terças e quartas-feiras são muito graves, porque são dias de trabalho.

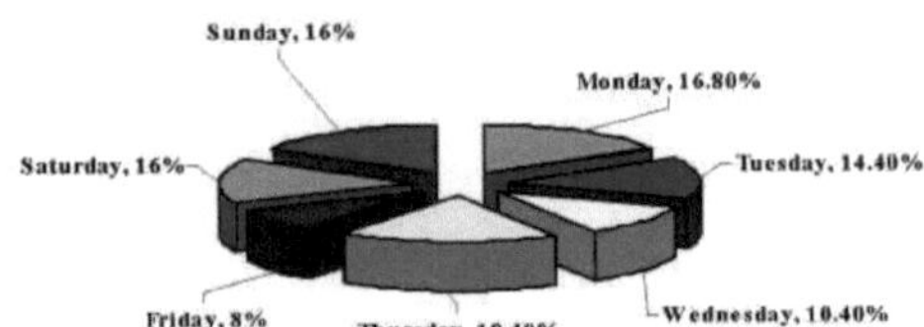

Figura 3.13: Ocorrência de tráfego diário a partir das estatísticas de 2001

Acidente e localização

1. **Bura Berma Kebele G/M(Shashemene):** O local está situado num terreno com declive relativamente acentuado, coordenado a 07^0 15.274N, 038^0 29.666E, e a uma altitude de 1725m, a uma distância de 225km de A.A. O acidente mais frequente ocorre em 1442, sendo a intensidade do tráfego de veículos de cerca de 16 em média. As principais causas da ocorrência de acidentes são as seguintes. Servir todos os utilizadores (peões, carrinhos, animais, veículos, etc.), os carrinhos de mão são o sistema de transporte mais utilizado tanto para mercadorias como para pessoas, estrada reta e demasiado longa (11 km respetivamente), tem espaços

suficientes em ambos os lados para peões e carrinhos, mas não são utilizados, asfalto em mau estado (muito danificado), não há sinais de trânsito e sinais fornecidos, controlo de tráfego fraco, estrada estreita e problema de excesso de velocidade.

2. **Hospital Kuyera (Shashemane):** As principais causas da ocorrência de acidentes são as seguintes: inexistência de uma vedação de proteção para os lados das residências e de sinais de trânsito, obstáculos à visão, excesso de velocidade em curvas em ziguezague acentuadas, existência de serviços sociais como mercados e hospitais kebele, fraca fiscalização do trânsito, inexistência de vedações de proteção para as zonas de risco e inexistência de estradas circulares para os lados dos carros, animais e peões. **3. Karara Filicha (Shashemene):** O local está situado num terreno com declive relativamente acentuado, coordenado a 07^0 13.953N, 038^0 38.054E, e a uma altitude de 1987m, a uma distância de 242km de A.A. O acidente mais frequente ocorre em 1442, sendo a intensidade do tráfego de veículos de cerca de 32 por ano, em média. As principais causas da ocorrência de acidentes são as seguintes.

Unidades altamente congestionadas de carroças de burro, ciclistas, peões e veículos, pelo que se registou um número de acidentes que é máximo quando comparado com os outros ainda observados. Os sistemas rodoviários e a sinalização são insuficientes, o que conduz a um elevado número de acidentes. A falta de fiscalização do tráfego e o excesso de velocidade devido à falta de controlo ou gestão da velocidade.

4. Melka Oda (Shashemene): O local está situado num terreno com declive acentuado, coordenado a 07^0 12.860N, 038^0 37.226E, e a uma altitude de 1847m, a uma distância de 244km de A.A. O acidente mais frequente ocorre em 1442, com uma intensidade de tráfego de veículos de cerca de 16 por ano, em média. As principais causas da ocorrência de acidentes são as seguintes.

Unidades altamente congestionadas de carroças de burro, ciclistas, peões e veículos, pelo que se registaram muitos acidentes, o que é o máximo quando comparado com os outros ainda vistos.
Os sistemas rodoviários e a sinalização são insuficientes, o que conduz a um elevado número de acidentes, a um controlo deficiente do tráfego e a um excesso de velocidade devido à falta de controlo ou de gestão da velocidade e à ausência de sistemas de controlo do tráfego.

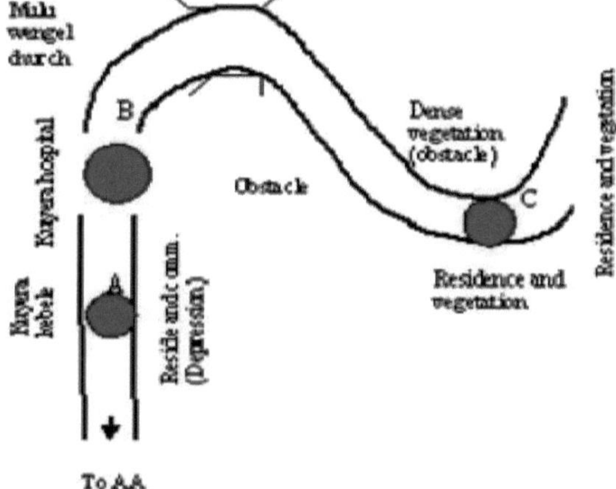

Figura 3.14: Secção da estrada do Hospital Kuyera (Shashemane)

5. Toga /Shashemane/: O local está situado num terreno com declive acentuado e curvo, coordenado a 07^0 07.647N, 038^0 31.371E, e a uma altitude de 1832m, a uma distância de 261km de A.A. O acidente mais frequente ocorre em 1250 veículos, com uma intensidade de tráfego média de cerca de 24 por ano. As principais causas da ocorrência de acidentes são as seguintes.

- Unidades altamente congestionadas de carroças de burro, Badjajes peões e veículos pelo que houve este tanto de acidentes que é máximo quando comparado com os outros vistos ainda.
- Os sistemas rodoviários e a sinalização são insuficientes, o que conduz a um elevado número de acidentes
- Boas estradas de asfalto, mas com declives e curvas que criam dificuldades aos condutores
- Má aplicação das regras de trânsito e excesso de velocidade devido à falta de controlo ou gestão da velocidade e à ausência de sistemas de controlo do tráfego

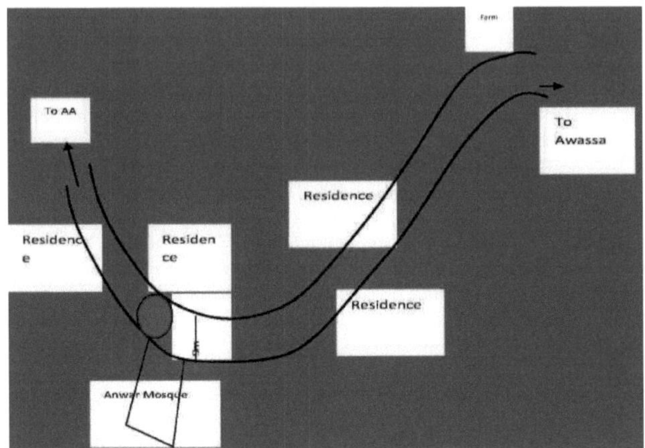

Fonte: Gabinete do coordenador nacional de segurança rodoviária da ETA

Figura 3.15: Secção da estrada Toga /Shashemane/

1 **Mengist Ersha (Shashemene, Togo):** O local está situado num terreno de declive acentuado e curvo. Coordenação das localizações A e B 07007.859N, 038^{0} 30.238E, 07° 07.844N, 038° 07.838E e elevação de 1713m, 1729m na distância de 261km de A.A. O acidente mais frequente por 1250 intensidade de tráfego de veículos é de cerca de 10 e 24 por ano em média, respetivamente.

- As principais causas da ocorrência de acidentes são as seguintes.
- Os sistemas rodoviários e a sinalização são insuficientes, o que conduz a um elevado número de acidentes
- Os utilizadores mais frequentes das estradas são as carroças de burro e de cavalo
- Má aplicação das regras de trânsito e excesso de velocidade devido à falta de controlo ou de gestão da velocidade

Comparação da intensidade global do tráfego

A intensidade do tráfego na comparação da figura seguinte mostra-nos que a intensidade do tráfego é visualizada no trajeto de Akaki a Modjo. Isto indica-nos que a intensidade do tráfego resulta em mais ocorrências de acidentes entre as rotas de Adis Abeba e Modjo.

A intensidade do tráfego (ver informação detalhada no Apêndice IV, Fig. A-9) compilada mostra que a intensidade do tráfego está a aumentar de ano para ano, o que causa o maior número possível de acidentes aos utentes da estrada e às propriedades nas bermas das estradas que utilizam para os seus fins. Salvo indicação em contrário, os acidentes de viação nas estradas são medidos de forma rigorosa, causando a degradação económica do país. Em 2007, a intensidade do tráfego foi de 14600 veículos. Com o aumento da intensidade do tráfego, os acidentes de viação aumentam no nosso país. A partir do gráfico de histograma acima, podemos concluir que a intensidade de tráfego de Akaki a Debreziet e de Debreziet a Modjo é relativamente a mais elevada de 2006 a 2007. A tendência geral do gráfico de barras mostra que a intensidade do tráfego de veículos na estrada de 1998 a 2007 está a aumentar. Também nos ajuda o facto de que, se a intensidade do tráfego é a mais elevada, a ocorrência mais provável de acidentes de viação é mais fácil na mesma linha, uma vez que a rede rodoviária não se altera. Na zona urbana, os feridos mais comuns são os seres humanos, mas na zona rural os animais são gravemente afectados.

3.2 Resumo do presente capítulo

A intensidade do tráfego e os acidentes são elevados na rota entre Adis Abeba e Modjo, porque estas rotas estão próximas da capital do país e as rotas de exportação e importação também passam por estas estradas. Por conseguinte, deve ser dada mais atenção a estas estradas para minimizar a reação aos acidentes e a perda de vidas e bens. Com a perda de vidas e de bens, o país perderá muitos benefícios e oportunidades socioeconómicas. A situação dos acidentes nas zonas urbanizadas e não urbanizadas é muito diferente. As zonas urbanizadas registaram muitos acidentes com pessoas e veículos, ao passo que as zonas não urbanizadas são mais severas para os agricultores, os animais e os trabalhadores industriais. Isto deve-se ao facto de estas partes se situarem mais fora da cidade e de as estradas parecerem livres para circular e de os carros velozes colidirem com a vida de homens e animais na maior parte das vezes.

As causas mais comuns de acidentes de viação neste local são as seguintes Congestionamento das estradas por todos os utentes, utilização comum do asfalto por condutores, peões, animais, agricultores, bicicletas e carroças, ou seja, ausência de um caminho individual para veículos e peões, obstáculos à visão devido ao ziguezague da estrada, plantas à volta das estradas e outros obstáculos, ausência de sinais e placas a cerca de 100 m de distância, forte controlo e gestão do veículo por parte da polícia de trânsito em locais onde se verifica uma elevada intensidade de tráfego e falta de fiscalização.

Os factores mais comuns que criam problemas são identificados aqui, tais como

- Unidades altamente congestionadas de carroças de burro, Badjajes peões e veículos pelo que houve este tanto de acidentes que é máximo quando comparado com os outros vistos ainda.
- Os sistemas rodoviários e a sinalização são insuficientes, o que conduz a um elevado número de acidentes
- Boas estradas de asfalto, mas com declives e curvas que criam dificuldades aos condutores
- Má aplicação das regras de trânsito e excesso de velocidade devido à falta de controlo ou gestão da velocidade e à ausência de sistemas de controlo do tráfego

A maior parte dos acidentes ocorre em locais onde há alta intensidade de tráfego, áreas agrícolas, áreas urbanas e áreas de cruzamento. Alguns dos locais identificados para a ocorrência de acidentes rodoviários foram: Isto mostra onde se deve prestar atenção e porque é que os acidentes são mais prováveis de acontecer aqui e ajuda a encontrar uma solução. No quadro, verificamos que a maioria dos acidentes ocorre onde não existe um forte controlo da polícia de trânsito. Nos locais onde há congestionamento de tráfego ou disponibilidade de serviços ou menor controlo policial, os acidentes são frequentes pela intensidade de tráfego disponível.

Quadro 3.5: Resumo dos locais com a sua condição de acidentes frequentes

Locais	Acidente	Tráfego
Dukem Koticha (Ada'a	48	7512
Em frente ao Hotel Ziquala (Ada'a	51	7512
Nova estação de autocarros (D.Zeit):	46	7512
D.Zeit Kebele 03 e Em frente de	27	7512
Esquadra de polícia e hotel turístico	13	9645
D.Ziet Ayer Hail 1st Obter e	51	7512
D.ZEIT AYER HAIL 2nd & 3rd	12	6861
Keta Woregenu (Ada'a):	26	6861
Kumbursa (Ada'a):	83	6861
Hude Kebele G/M (Ada'a,	35	6861

Beyu Besike:	21	6861
Shara Dibandiba (Lomé):	21	6861
Mojo Megbia Shoa Goga (Lomé):	10	6861
Fatole / Chancho Megenteya	20	1975
Tede e Jego Gidada (Lomé):	39	1975
Koka Negawa (Lomé):	10	1975
Tuka Langano Kebele G/M	11	1975
Oda Bokota G/M (Dugida):	19	1975
Ponte Meki (Dugida):	15	1975
Meki Kebele 01 (Dugida):	27	1975
Elka Chalomo /Ziway/:	16	1465
Ado Kontola:	16	1465
Gerbi Gelgile Ersha Limat (Adami	22	1465
Wollen Bula (Ziway):	14	1465
Anano Shisho (Adami Tulu):	17	1465
Meneharia Sefer (Adami Tulu	12	1465
Arba Kebele (Adame Tulu):	12	1465
Concha Bulbula /Adame Tulu /:	10	1465

Urufu Lole /Bulbula /:	14	1465
Bura Berma Kebele	16	1442
Hospital de Kuyera (Shashemane):	28	1442
Karara Filicha (Shashemene):	32	1442
Melka Oda (Shashemene):	16	1442
Toga /Shashemane/:	24	1250
Mengist Ersha (Shashemene,	34	1250

O quadro acima resume a frequência de acidentes no itinerário especificamente mencionado e a intensidade de tráfego disponível durante o período de tempo.

Capítulo 4

4. Métodos de recolha, análise e interpretação de dados

4.1 Metodologia de recolha de dados

Para recolher e organizar os dados, foram utilizadas as seguintes fontes de dados principais durante a preparação do documento de investigação relativo à obtenção de dados.

4.1.1 . Análise de dados primários e secundários

Os dados foram obtidos principalmente através da avaliação contínua do estudo de campo. Os locais e as estradas em que o estudo se concentra foram investigados pelo autor durante a viagem de campo e o inquérito para ver as condições dos condutores, o estado das estradas, as condições ambientais, a saúde dos veículos, a cooperação da polícia de trânsito e outros aspectos importantes que foram facilmente visualizados. A partir dos dados primários, a maior parte dos problemas foram identificados e ajudaram mais na análise do estudo até ao final. Os pontos mais importantes do trabalho assentam na observação que foi feita continuamente durante mais de 21 dias no levantamento de campo em 9 locais das estradas em estudo.

No estudo de campo ou inquérito, os dados primários também foram obtidos principalmente através de entrevistas a organismos como as polícias, as autoridades, os peões, os passageiros e os condutores. Os dados de tráfego foram necessários para efetuar a análise dos problemas de segurança rodoviária na estrada em questão. Estes dados foram úteis para determinar o tipo de medidas aplicáveis no local. Para além disso, os resultados das contagens e composições de tráfego foram utilizados como um dos dados ou parâmetros para desenvolver critérios na delimitação da estrada em estudo. Neste caso, o fluxo de tráfego era importante, pelo que foi recolhido durante o trabalho de campo. Foram efectuadas contagens de tráfego em três locais ao longo da estrada. O primeiro local foi situado a 42 quilómetros de Adis Abeba, perto da entrada da cidade de Debre-Zeit. A segunda foi realizada no quilómetro 70+ 980, em frente aos pontos de controlo aduaneiro de Modjo. O outro foi realizado a 183+000 quilómetros da cidade de Addis Ababa Bulbula, perto do cruzamento de Amba para crianças. Estes locais foram selecionados com base nos locais de tráfego da Autoridade Rodoviária Etíope. O período de contagem de tráfego foi de sete dias, das 6:00 às 18:00 horas, hora local, incluindo uma contagem de 24 horas num dia normal e num dia de mercado (sábado). As contagens foram efectuadas em duas direcções em cada local. De acordo com a Autoridade Rodoviária da Etiópia, os veículos são classificados em oito grupos. Os tipos de veículos da ERA são compostos por: Carro (automóvel), station wagon, autocarro pequeno, autocarro grande, camião pequeno, camião médio, camião pesado e camião articulado. As mesmas classificações de veículos foram utilizadas nesta investigação. Além disso, foi recolhido um ADT (tráfego médio diário) adicional junto da Autoridade Rodoviária Etíope.

Foram utilizados dados secundários provenientes principalmente dos centros de polícia de trânsito dos departamentos de estatística de cada subúrbio, da Autoridade Rodoviária da Etiópia e da Autoridade dos Transportes, bem como de outros livros e revistas, como a Reporters, o jornal Addis Zemen, etc.

4.1.2 As respostas às perguntas da entrevista

As perguntas da entrevista foram preparadas para os peões, as crianças em idade escolar, as autoridades e os condutores relativamente ao problema dos veículos, ao problema dos peões, aos problemas dos condutores e aos problemas da rede rodoviária. No quadro seguinte, 3,61% dos inquiridos responderam que o problema se deve ao problema do veículo. Este é sobretudo o feedback dos condutores, mesmo que não admitam o seu erro. 18,95% dos inquiridos e dos entrevistados responderam que o problema é dos peões. Os peões não circulam nos cruzamentos propostos e nas vias pedonais adequadas. Atravessam em qualquer sítio, quer haja passadeira ou não. Por vezes, tentam atravessar a estrada ao lado de outros camiões e ficam facilmente expostos a acidentes. 54,87% dos inquiridos acusam os condutores. Os inquiridos afirmam que os condutores não limitam a velocidade e causam acidentes a animais e peões. Os condutores conduzem a uma velocidade excessiva, bebem bebidas alcoólicas e ficam inconscientes enquanto conduzem. Também conduzem e colidem com outros condutores normais. Esta causa de danos materiais e de vida é um fator de degradação económica do país. De acordo com os inquiridos, os condutores conduzem em excesso de velocidade pelas seguintes razões

- Obter rendimentos do miniautocarro que conduzem quando os motoristas estão empregados e o dinheiro é orientado
- Para andar depressa e trocar dinheiro por bebidas alcoólicas e expor-se a acidentes e os outros também.
- Passar os outros carros enquanto tenta competir com os camiões vizinhos
- Alcançar uma longa distância num período de tempo mais curto, etc.

Tabela 4.1: O número de inquiridos na entrevista

Problema causal	Problema com os veículos	Problema dos peões	Problema com os condutores	Problema da rede rodoviária	Total
Número de inquirido	20	105	304	125	5 54
% de quota	3.61%	18.95%	54.87%	22.56%	100%

22,56% dos inquiridos afirmaram que a rede rodoviária é muito estreita para a passagem livre de dois ou mais automóveis. Por conseguinte, quando os carros se aproximam repentinamente, podem colidir e causar acidentes. Quando o carro com alta velocidade e problemas de travões se aproxima subitamente do outro, não pode fugir porque a estrada é estreita. A única hipótese que tem é simplesmente esperar que o acidente aconteça.

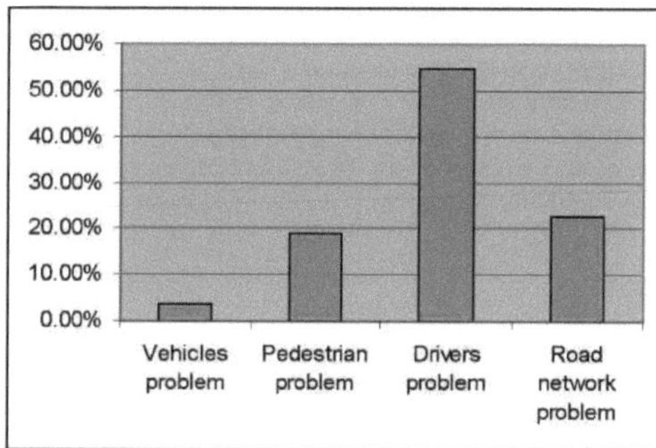

Figura 4.1: Os inquiridos versus as causas dos acidentes

4.1.3 Gestão incorrecta das informações da polícia de trânsito

A polícia da região de Oromia não dispõe de um sistema de recuperação e gestão de dados. Quando o estudo é necessário, é preciso um grande esforço para obter dados e informações. A gestão de dados é tecnológica e essencial para a atualidade. Alguns dos problemas de fraqueza da gestão de dados detectados durante o inquérito são os seguintes

1. Segue a forma tradicional e não um sistema modernizado de recolha de dados
2. A falta de uma gestão adequada dos dados por parte dos trabalhadores dos centros de informação e o não preenchimento do formato de papel tal como é preparado para efeitos de tráfego
3. Esperar que a informação seja útil apenas para o centro jurídico e judicial e considerar o tratamento incorreto dos dados para os outros trabalhos de investigação. Por exemplo, se dois veículos tiverem problemas na colisão, os dados registados são úteis apenas para o criador do problema. Quem não estiver envolvido no problema não pode registar os dados para outros fins
4. O formato de recolha de dados sobre acidentes de viação carece de toda a informação a analisar, por exemplo, o formato de recolha de dados não inclui quem não cometeu o acidente, o local específico onde o acidente ocorreu, etc.
5. O problema do sistema de transporte e de comunicação de mensagens é que a maior parte dos acidentes são cometidos em locais onde não há polícia de trânsito ou onde chegam depois de tudo ter desaparecido, não sendo os dados ou informações cumpridos total ou parcialmente.
6. Se não se tratar de um caso de vida ou de ferimentos, ignorando os danos materiais e negociando as duas partes e não registando a condição
7. A organização dos centros de informação é fraca e a disseminação da informação
8. Falta de mecanismo de intercâmbio de informações entre a polícia e a polícia de diferentes áreas Neste estudo, foram utilizados quatro tipos de sistemas principais de recolha de informações.

1. Dos centros do departamento estatístico da polícia de trânsito
2. As Autoridades dos Transportes da Etiópia e
3. Da Autoridade Rodoviária da Etiópia
4. A partir do inquérito no terreno e dos locais de acidente

9. A lista ou os pormenores do processo de recolha de informações centram-se nas seguintes partes.
    1. sobre a gravidade dos acidentes
    2. Tipo de acidente
    3. Deslocação do veículo
    4. O estado do pavimento da estrada
    5. A situação da posição da estrada
    6. A idade dos condutores
    7. A propriedade do veículo
    8. O tipo de veículo
    9. O local onde ocorre o acidente
    10. A hora do dia e a hora dos acidentes
    11. O local do plano de acidente

4.2. Introdução à análise de dados quantitativos

Os dados qualitativos foram obtidos nos centros estatísticos de trânsito da polícia durante o período do inquérito. Há problemas de tratamento de dados. A organização de um bom manuseio dos dados ajuda a polícia a não repetir nenhum tipo de erro na caraterística que havia cometido anteriormente. Isso faz com que as chefias controlem a técnica de organização dos dados e proponham a redução dos acidentes de trânsito com danos à vida e à propriedade. Antes de se iniciar a discussão, deve-se observar os fatores que afetam a discussão dos dados quantitativos para auxiliar a análise ao longo do trabalho

4.2.1 Factores que afectam a taxa de acidentes de viação

Existem factores monetários que afectam a taxa de acidentes de viação. Entre eles, os mais comuns nestas estradas são: Os condutores, o problema do veículo, e a rede de estradas.

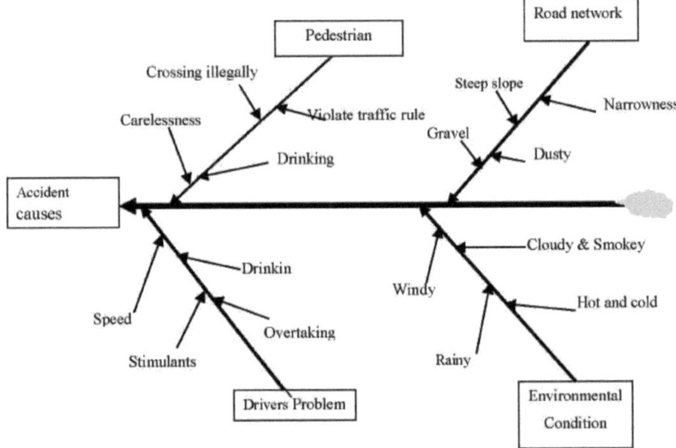

Figura 4.2: Factores que influenciam os acidentes rodoviários

4.2.2: Classificação dos acidentes de viação com base no tempo

O acidente de viação que poderia ocorrer na rua estudada foi avaliado cumulativamente e identificado para se chegar a uma conclusão com base no tipo de estrada e no utilizador da estrada na região de Oromia. A análise atempada dos acidentes de viação ajuda a avaliar e a decidir quando tomar medidas para reduzir os acidentes de viação. O diagrama de causa e efeito ou espinha de peixe acima apresentado mostra os principais factores nestas estradas.

A. Acidentes de viação nos dias da semana

A partir da figura 4.3, podemos concluir que o maior número de acidentes ocorreu durante o dia da semana, na **terça-feira,** e foi estimado em 18%. Isto deve-se ao facto de o dia ser marcado como um período de mercado, em que a população da estrada está congestionada pelos utentes da estrada, e ao período escolar, em que os estudantes enchem as estradas durante a manhã, ao meio-dia e depois do meio-dia, bem como ao facto de ser a altura em que os trabalhadores vão para o seu local de trabalho na maior parte da região de Oromia.

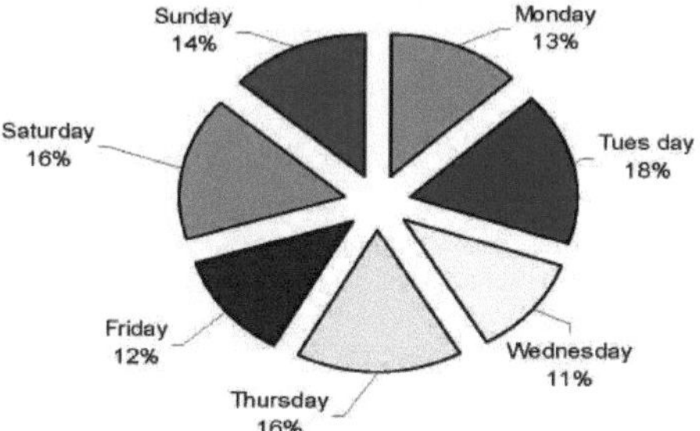

Figura 4.3: O gráfico de pizza mostra-nos os acidentes rodoviários diários

Como resultado destes factores comuns, o dia da semana resultou na maior causalidade de acidentes. No sábado e na quinta-feira, a percentagem de acidentes atingiu cerca de 16% do total, uma vez que estes dois dias são também os dias de mercado para a maioria das regiões e o período de trabalho da semana, pelo que o número de pessoas nas estradas aumenta nestes dias nas zonas rurais e urbanas. Por conseguinte, durante o dia de mercado, a intensidade do tráfego de peões aumenta mais do que nos outros dias. Em segundo lugar, os condutores conduzem muito depressa, ultrapassando o limite de velocidade recomendado por lei. Esta velocidade deve-se a razões como a ingestão de bebidas alcoólicas, mastigação de tabaco (uso de estimulantes) e alguns estupefacientes (estimulantes e drogas), que se obtêm facilmente junto dos vendedores à beira da estrada, especialmente nos dias de mercado. Em terceiro lugar, o dia em que a percentagem de acidentes atinge os 14% é o domingo. A razão para tal é o facto de ser o dia de lazer para a maioria dos trabalhadores, no qual têm tempo de descanso, e de ser um dia de peditório para os cristãos. Geralmente, estes dias requerem mais atenção por parte dos organismos responsáveis para reduzir a taxa alarmante de acidentes nestas estradas. Os restantes dias da semana não são tão causadores de acidentes.

B. Taxa horária de acidentes de viação nas estradas

A taxa de acidentes rodoviários varia de tempos a tempos no mundo e, em particular, no nosso país. As variações da taxa de sinistralidade dependem da situação em que as actividades são muito frequentes. Quando há muitas actividades, os acidentes medidos são muito elevados. Os factores que mais contribuem para a ocorrência de acidentes são a situação da escola, as horas de trabalho, as horas de condução e as condições do mercado. De manhã cedo, nas horas de ponta e à tarde, a maioria das estradas está congestionada e ocupada com maior intensidade de tráfego. Nestes períodos, as taxas de sinistralidade aumentam porque os trabalhadores, comerciantes, estudantes podem ir ou voltar dos seus locais de trabalho. Assim, a concentração do tráfego rodoviário aumenta nessas situações.

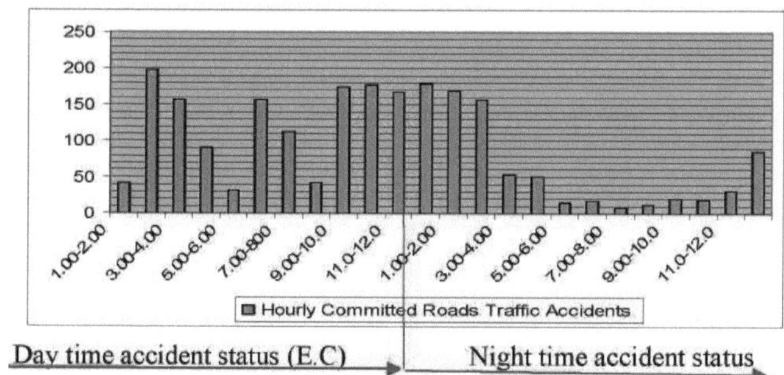

Figura 4.4 Acidentes registados por hora

A figura 4.4 mostra-nos que há mais acidentes registados durante o dia, das 2h00 às 4h00, durante o período de ponta das 6h00 às 8h00 e das 10h00 às 12h00, devido à hora de ponta em que os estudantes e os trabalhadores se dirigem para o local de trabalho, para a escola e regressam a casa para almoçar ou para o passeio noturno, bem como durante a noite, das 1h00 às 3h00, porque as pessoas fazem passeios recreativos ou vão para casa de diferentes trabalhos e objectivos. Os acidentes são mais frequentes nestas alturas, porque os trabalhadores se deslocam para o local de trabalho e os estudantes vão para a escola e regressam. A taxa de acidentes é mais elevada durante as horas de ponta do trabalho e da atividade, porque muitas pessoas regressam a casa do local de trabalho e da escola ou do mercado e algumas consideram estas horas como um período de lazer após o trabalho. A taxa mínima de acidentes regista-se a meio da noite e no quarto da noite, como mostra a figura 4.4 acima. Esta situação deve-se ao facto de todas as actividades serem interrompidas no ambiente e se encontrarem em repouso. Os dados mensais não foram obtidos junto da comissão de polícia e ficaram sem análise.

4.2.3: Os acidentes de viação em função da situação do condutor

Entre as principais causas do tráfego rodoviário, os condutores ocupam o primeiro lugar. Alguns dos factores que contribuem para os acidentes dos condutores são os seguintes

1. Conduzir para além do limite de velocidade
2. Recusa de prioridade aos passageiros
3. Carregamento para além da capacidade
4. Carregamento de pessoas em camiões de transporte de materiais
5. Problema de negligência
6. Descuido quando há animais e pessoas em densidade
7. Rejeição dos sinais e regulamentos de trânsito
8. Falta de condução ou problema de comportamento

As causas são

- os problemas dos condutores assalariados são muito importantes porque dependem do dinheiro
- problema de dar carta de condução a um condutor que não está normalizado para a obter facilmente
- falta de condução de barreiras de perigo estritamente
- a maior parte dos condutores é jovem
- para os condutores que cometem erros ou acidentes, não há pena de lhes ser retirada a carta de condução

Idade dos condutores vs. número de acidentes

Os acidentes rodoviários cometidos pelos veículos dependem também da idade dos condutores e dos seus esforços. Na maior parte das vezes, os acidentes são cometidos por condutores com idades compreendidas entre os 18 e os 30 anos. Isto deve-se ao facto de beberem bebidas alcoólicas, excederem a velocidade recomendada, pensarem como jovens e não terem cuidado com a sua vida e com a dos outros.

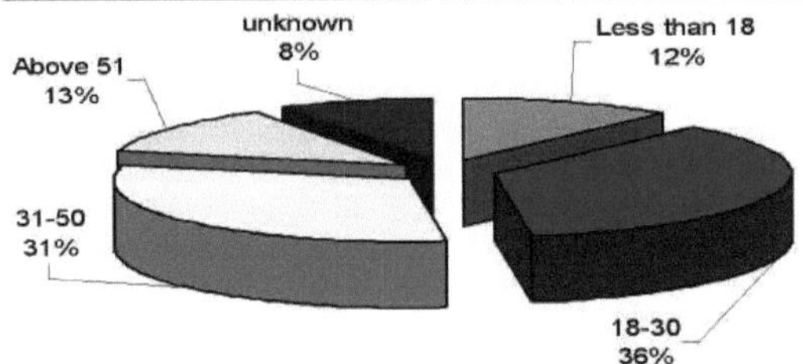

Figura 4.5 Os acidentes de viação causados pela categoria de idade do condutor

A partir da figura 4.5, podemos ver que o maior número de acidentes de viação é cometido por condutores com idades compreendidas entre os 18 e os 30 anos, que contribuíram com **36%** dos feridos nos últimos quatro anos. Isto deve-se ao facto de estes condutores idosos serem muito velozes, quentes e viciados em estimulantes (como drogas, folhas de tabaco ou de plantas, cigarros e álcool), o que os estimula a conduzir de forma descuidada. Uma vez estimulados, conduzem muito depressa e, ao mesmo tempo, estão expostos a acidentes graves. Por conseguinte, deve ser exercido um maior controlo sobre este grupo etário.

O segundo grupo é o dos condutores com idades compreendidas entre os 31 e os 51 anos, que também estão envolvidos em acidentes. Isto deve-se ao facto de ser nesta faixa etária que se verifica a maior parte dos incêndios e da adolescência. Os condutores são muito descuidados em relação à vida e aos danos materiais. Por vezes, são os únicos condutores excelentes. Também apoiam o seu estado de condução no consumo de bebidas alcoólicas. As ignições desta bebida alcoólica tornam os condutores corajosos e as probabilidades de colisão e capotamento tornam-se mais elevadas.

As pessoas com mais de 51 anos de idade só sofrem acidentes em cerca de **8%** e as pessoas com menos de 18 anos também só sofrem **12%** dos acidentes.

Quando comparamos o número de acidentes ocorridos durante o período de quatro anos com os condutores deste grupo etário, a taxa de acidentes diminuiu em 1999, mas em 2000 registou-se um aumento. Isto deve-se à falta de sensibilização e de controlo dos condutores por parte da polícia de trânsito e da sociedade ou comunidade.

A. Género do condutor Vs acidentes cometidos: A maioria dos estudiosos afirma que o género dos condutores influencia o tipo de acidentes rodoviários cometidos. As mulheres não podem cometer acidentes como os homens. Muitos investigadores defendem esta lógica. Mas alguns investigadores opõem-se a estas ideias porque o número de mulheres que são consideradas condutoras de veículos é muito reduzido quando comparado com o dos homens.

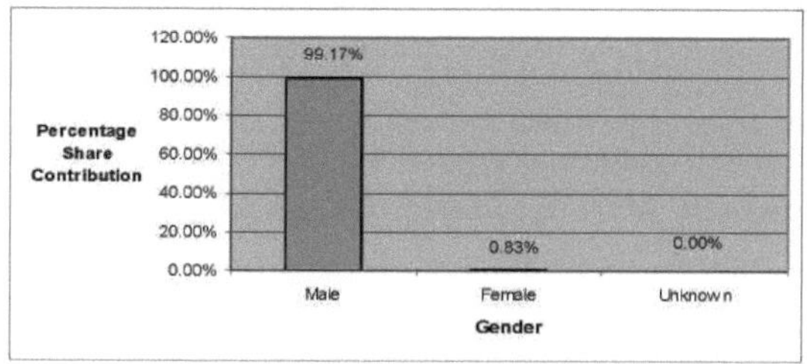

Figura 4.6 A Causalidade dos Acidentes de Viação por Grupo de Género

A partir da figura 4.6, podemos concluir que **99%** dos acidentes causados pelos condutores do sexo masculino se devem às seguintes previsões

- Na cultura e norma etíopes, os homens bebem muito mais do que as mulheres. Quando alguém bebe mais, fica cansado e causa problemas
- Os machos são mais numerosos do que as fêmeas e, na maioria das vezes, conduzem longas distâncias e, após estas viagens, podem ficar cansados e inconscientes
- Os motoristas do sexo masculino estão envolvidos no mercado do transporte de passageiros que, simultaneamente, precisam de ganhar dinheiro e, por isso, são obrigados a fazer frequentemente o mesmo dia nestas rotas
- As regras e regulamentos para os condutores são muito fracos, pois não são fortemente punidos nem recebem educação e formação, especialmente os condutores privados. Mas, neste caso, a determinação do grupo sexual, uma vez que os homens cometem mais acidentes do que as mulheres no total, é impossível, porque não sabemos quantas mulheres e quantos homens são vítimas desta via, uma vez que não há registo, exceto dos acidentes cometidos.

Recinto pedagógico dos condutores:

Na maioria das vezes, espera-se que os condutores instruídos conduzam com uma causa mínima de acidentes, de modo a não cometerem mais acidentes do que os condutores analfabetos poderiam cometer. Esta afirmação pode estar por vezes errada quando os condutores são viciados em bebidas alcoólicas. Mas se não for o caso, é preferível que conduzam concentrados e com cuidado, independentemente de algumas barreiras. Se os condutores receberem formação e forem bem treinados antes de começarem a conduzir, tanto no sistema de ensino superior como no sistema de carta de condução, podem reduzir os acidentes que podem ser facilmente cometidos. Porque prestam atenção, uma vez que a educação, de qualquer forma, remodela o ser humano psicologicamente para manter o seu equilíbrio. Por isso, a educação desempenha um papel importante.

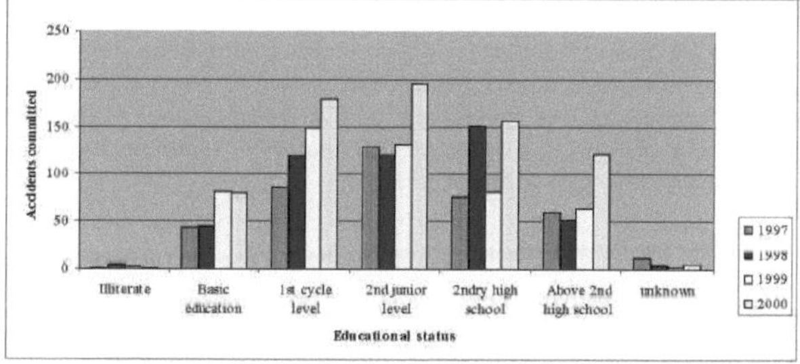

Figura 4.7 Taxas de acidentes segundo o nível de escolaridade

A maioria dos acidentes foi causada por condutores que concluíram o ensino secundário em 1998 e, entre o ciclo 1st e o ensino secundário, os acidentes ocorreram em mais de 76,23%. A razão da gravidade dos acidentes cometidos no grupo do 1st ciclo, do ensino básico e do ensino secundário deve-se ao facto de, quando terminam os estudos e perdem a oportunidade de ingressar nas universidades, terem de possuir carta de condução. O facto de estas etapas da formação escolar não serem controladas contribui e faz com que os condutores não tenham a eficácia técnica do seu nível de formação. Por outro lado, as pessoas que se encontram nestas três fases mais importantes são muito viciadas em tabaco e bebidas alcoólicas que as estimulam a conduzir a uma velocidade ilimitada. No gráfico acima, vemos que a maioria dos acidentes é provocada por condutores que se encontram no primeiro ciclo do ensino básico, no ensino secundário e no ensino médio. A análise acima mostra onde e como tentar os métodos de licenciamento.

D. A relação dos condutores e dos veículos com os acidentes cometidos

O quadro 4.6 mostra a relação entre o veículo e o condutor. No quadro, a maior parte dos acidentes, ou seja, cerca de 61,15% dos acidentes de viação e ferimentos graves, são provocados por condutores empregados. Esta taxa elevada e alarmante de acidentes foi registada devido às seguintes razões principais

- Os empregados precisam de obter mais dinheiro dos passageiros num dia
- Os trabalhadores não se preocupam com a vida útil dos veículos, uma vez que estes não lhes pertencem, pelo que podem conduzir de forma mais brusca e ter de passar por cima de outros veículos em estradas desnecessárias. Por este motivo, podem ter acidentes de viação ou colisões com outros veículos.

O proprietário do veículo é responsável por cerca de 30,41% dos acidentes nestas estradas, uma vez que presta atenção à sua propriedade, precisa da sua vida e pensa nos outros. Estas percentagens são devidas a um caso súbito, a um erro dos outros ou a dificuldades do meio ambiente. Este pode ser um dos problemas dos dados, que não podem expressar as razões pelas quais ocorreram. O sistema de recolha de dados da polícia de trânsito deve ter em conta estes factores para cada situação de acidente.

Quadro 4.2: A relação entre os condutores e os veículos

R. Não	Relação entre o condutor e o veículo	Total	Quota percentual
1	O proprietário do veículo	660	30.41%
2	Empregado	1327	61.15%
3	Outros	168	7.74%
4	Desconhecido	15	0.69%
Total		2170	100.00%

Fonte: Compilado pelo autor e dados do departamento de estatísticas de tráfego da polícia de East Shewa

E. A experiência dos condutores e os acidentes relacionados

Na figura 4.8, podemos comparar os acidentes de viação dos quatro anos do ponto de vista da experiência dos condutores. Em 1997, os condutores com 5 a 10 anos de experiência cometeram cerca de 37% do total de acidentes desses anos. No mesmo ano, os condutores com experiência de 1 a 2 anos também cometeram acidentes de cerca de 33%. Isto indica-nos que os acidentes em 1997 foram muito provavelmente cometidos por condutores com experiência de 1 a 10 anos em geral.

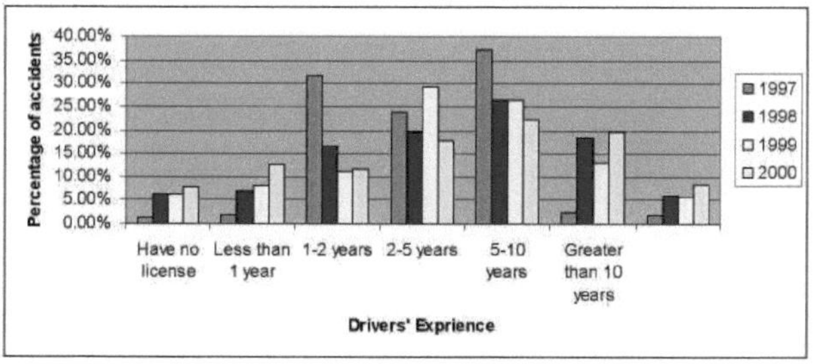

Figura 4.8 Experiências dos condutores vs. acidentes

Em segundo lugar, a taxa de acidentes diminuiu 12% em 1998 devido aos condutores experientes e aumentou 28,9% no ano de 199 devido aos condutores com experiência de 2 a 5 anos. No total, quando vemos a causalidade dos acidentes por categoria de experiência do condutor, esta situa-se na categoria de experiência de 2-10 anos. Estes acidentes devem-se muito provavelmente à confiança dos condutores. Mas os dados da polícia não podem mostrar porque é que isto aconteceu. Por isso, é necessário ter em conta a recolha de dados e a investigação da polícia quando as coisas entram nos moldes corretos do seu ambiente de trabalho.

F: Os níveis da carta de condução e os acidentes

O nível da carta de condução pode mostrar que os condutores receberam uma formação eficaz através de uma formação sólida. Por conseguinte, pode influenciar a ocorrência de acidentes. A carta de condução dos condutores pode mostrar como e quando dar aos condutores um estudo aprofundado. Na figura seguinte, vemos que, à medida que a carta de condução aumenta, os acidentes aumentam.

A figura 4.9 acima mostra-nos que os causadores máximos de acidentes são os condutores com carta de condução de nível 3rd nos anos de 1997, 1999 e 2000, com 151, 135 e 252 feridos, respetivamente. Em 1998, o quinto nível de carta provocou um máximo de acidentes. Isto deve-se ao facto de os condutores possuírem veículos com grande capacidade de carga e conduzirem a um ritmo alarmante, especialmente os condutores de miniautocarros. Mas aqui falta clarificar a causa do seu envolvimento em acidentes.

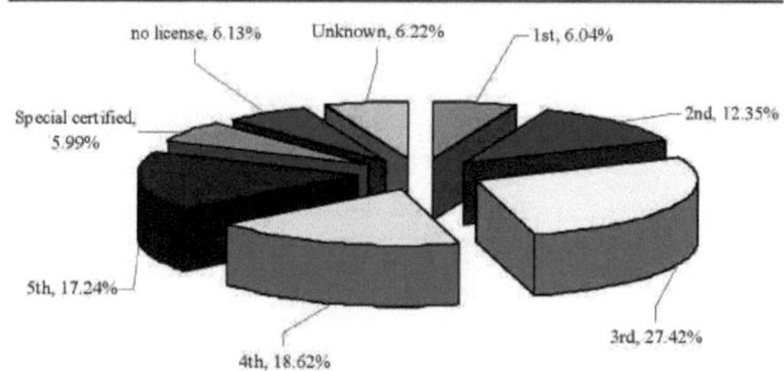

Figura 4.9 O nível da carta de condução e as percentagens de acidentes

4.9.4: . Avarias nos veículos e caraterísticas dos acidentes

A: O Serviço de Vida dos Veículos e os Acidentes

Quando a vida útil dos veículos aumenta, a sua fiabilidade para percorrer distâncias maiores é cada vez menor. Por conseguinte, aumentam os acidentes de que podem resultar. A parte do veículo deprecia-se de tempos a tempos e reduz a sua velocidade e outras condições importantes. Na figura 4.10 abaixo, quando o veículo está em serviço há mais tempo, há mais acidentes e ferimentos. Quando o veículo tem uma vida útil superior a cinco anos e dez anos, a taxa de acidentes é mais elevada. Por exemplo, a vida útil superior a 5 anos resultou numa taxa de acidentes acumulada de 26% ao longo dos quatro períodos dos anos. O facto de a vida útil aumentar significa que a familiaridade dos veículos aumenta. O acidente máximo atingido na vida útil dos automóveis de 5 a 10 anos é de 579 e de 2 a 5 anos é de 491 feridos, registados pela polícia de trânsito. A figura acima ilustra, em geral, que a vida útil dos veículos utilizados nestas estradas varia entre os 2 e os 10 anos de vida útil.

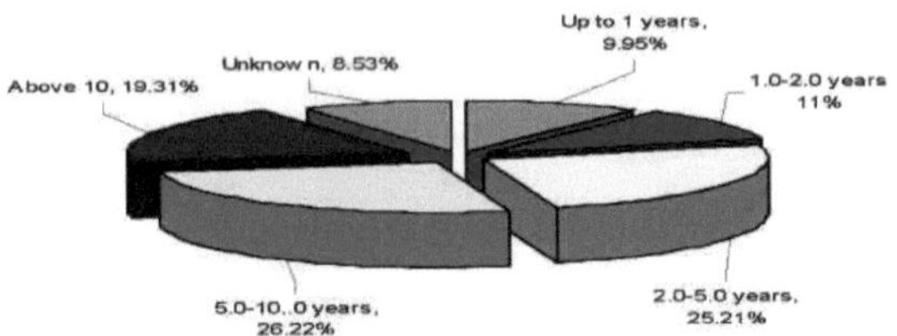

Figura 4.10 Vida útil dos veículos e acidentes cometidos

8: Tipos de veículos vs. números de acidentes

O tipo de veículo, por si só, tem a sua própria contribuição para os acidentes de viação em todos os mundos. Os tipos de veículos que podem causar acidentes são os de capacidade de carga pesada, conhecidos pela marca ISUZU, os de transporte de pessoas de capacidade 12, 13-45, e mais de 46, camiões pesados de 11-40, 41-100 quintais de capacidade de carga, carrinhos, impostos, camiões especiais com e sem reboque, comboios, pickups, carrinhas, autocarros, etc. mas entre os acima referidos, os mais comuns e conhecidos pela sua maior taxa de sinistralidade na área de estudo são as carrinhas (miniautocarros), os carregadores de carga pesada de 10-40 quintais (ISUZU), os transportes de pessoas de capacidade 12-46 e outros.

A maioria dos acidentes foi cometida por transportadores de carga pesada e por mini-autocarros. Os camiões de carga pesada com capacidade entre 11 e 40 quintais (Isuzu) foram os mais acidentados nestes modos de transporte. A percentagem de acidentes que cometeu nestes anos de análise de dados foi de 15% e, em segundo lugar, os camiões de carga pesada com capacidade entre 41 e 100 quintais provocaram um acidente de 13,27% nestes anos de análise de dados. Em terceiro lugar, os vagões de estação são comuns, causando um acidente de 9% neste período de avaliação. Isto mostra-nos que a maioria dos acidentes é cometida por estes três tipos principais de veículos. Os tipos de veículos que causam grandes danos pessoais e materiais são os camiões pesados com capacidade de carga de 41-100 quintais, os camiões pesados com reboque, os veículos de transporte de pessoas de 13-45 lugares, os veículos de transporte de pessoas de mais de 46 lugares e os camiões pesados com capacidade de carga de 11-40 quintais. Todos eles contribuem para o número máximo de acidentes rodoviários nas estradas de Oromia em geral.

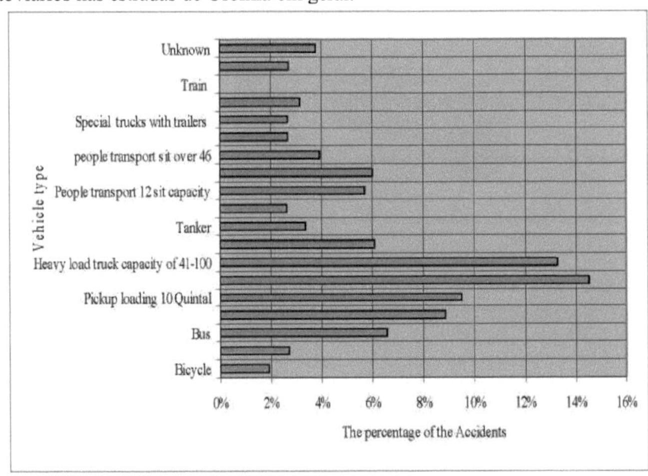

Figura 4.11 Tipos de lesões causadas pelo veículo

C: As falhas dos veículos e os acidentes

O problema dos veículos na Etiópia é um dos problemas de causalidade dos acidentes de viação. Mas, na maior parte das vezes, os problemas surgem sem qualquer problema. A figura seguinte mostra que os problemas não se devem a nenhum problema dos veículos, mas a muitas outras causas dos acidentes de viação que tentámos mencionar e que serão mencionadas neste capítulo. O problema dos veículos atingido não tem uma causa significativa de acidente, mas o acidente mais elevado deve-se aos condutores e sem a falha das peças dos veículos, tendo em conta os outros factores que contribuem para a causalidade. Por vezes, os condutores não conhecem o problema dos veículos, mas provocam acidentes ou a polícia de trânsito regista documentos não preenchidos no local do acidente. 40,7% dos acidentes ocorridos não foram causados por nenhum problema no veículo durante o seu funcionamento.

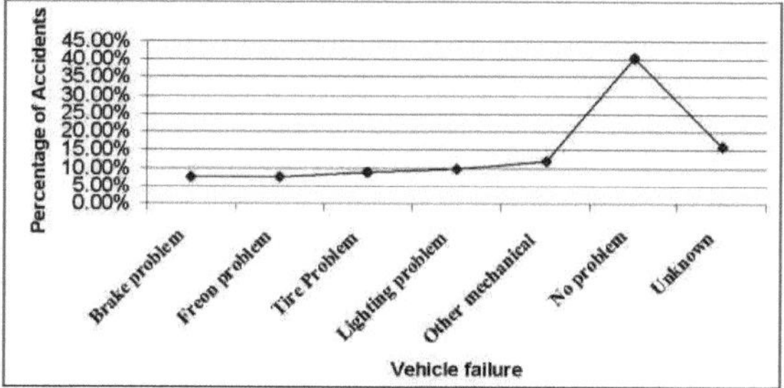

Figura 4.12 Os problemas do veículo e a situação dos acidentes

4.12.5: Tipo de rede rodoviária e condições ambientais

Em Arba Lake, Kumbursa, cidade de Bulbula, as pontes nas estradas em ziguezague, a inclinação das estradas em linha reta e as estradas em ziguezague são locais de grande gravidade e de ferimentos. A partir da zona de Bulbula, Urfa Lole, o suporte de ferro da berma da estrada foi esmagado na estrada que liga A.A. a Hawassa. Para compreender a situação das estradas, a autoridade rodoviária deve estudar o estado das estradas no que diz respeito à intensidade do tráfego, à distância, ao tipo de camada, ao tipo de asfalto, ao assentamento do local, ao estado de serviço das estradas, às condições ambientais, etc., que são alguns dos factores importantes para estudar o tipo de estradas. A ocorrência de acidentes deveu-se às seguintes condições

- Falta de estradas alternativas para carros, passageiros e animais
- Presença de outras pessoas que ocultam a visão dos condutores nas bermas da estrada, tais como edifícios, plantas, colinas, etc.
- Estreiteza de alguns pontos das estradas nos itinerários
- O planalto das terras sendo ziguezague, colina, altos e baixos em algum lugar neste caminho
- Durante o projeto e a construção das estradas, não se teve em conta a segurança das estradas
- A insuficiência de sinais de trânsito nas estradas é uma das principais causas dos acidentes rodoviários.

A: Tipos de estradas e acidentes

Na natureza, os tipos de estradas afectam a ocorrência dos acidentes. Os tipos de estradas registados no contexto etíope são as estradas que unem as zonas rurais, o cascalho, as estradas que unem as províncias e as estradas na cidade. De acordo com a análise destes dados, o tipo de estrada que contribui com o maior número de feridos é o tipo de estrada que liga a zona rural.

Como a figura 4.13 indica-nos que a maioria dos acidentes ocorreu nas vias dos **entroncamentos rurais** do que em qualquer outro lugar, porque na tese47% dos acidentes registados onde há uma estrada que une o campo (rural) e cerca de 36% dos acidentes rodoviários ocorreram na província juntando e área de estradas de cascalho contribuindo igual percentagem dos acidentes. O outro acidente, que representa 16%, registou-se nas zonas urbanas.

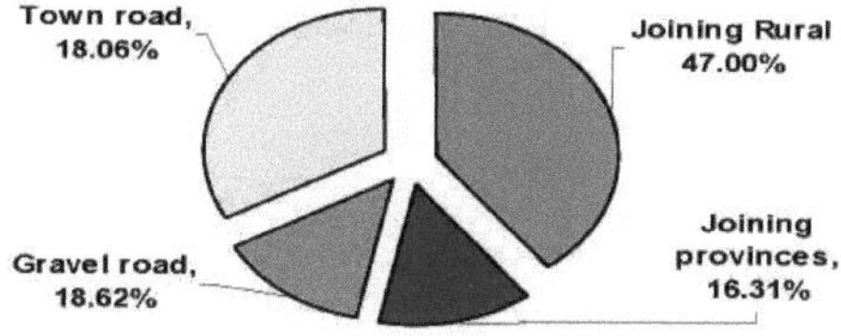

Figura 4.13 O tipo de estrada e as condições de acidente

B: Áreas mais comuns que recebem acidentes de viação

Os acidentes rodoviários podem ocorrer em algumas das seguintes zonas. É necessário identificar as zonas onde ocorrem os acidentes e tomar decisões para encontrar medidas de combate aos acidentes rodoviários. As caraterísticas das estradas asfaltadas, não asfaltadas, de betão, em torno de aldeias, escolas, fábricas, orações, mercados, áreas de lazer, hospitais, escritórios, residências e outros locais são os locais mais comuns de acidentes rodoviários no nosso país e mesmo no resto do mundo, por diferentes razões. Os acidentes rodoviários mais comuns ocorrem em locais onde não há estradas asfaltadas e onde não há zonas urbanizadas. Isto deve-se ao facto de os condutores poderem conduzir livremente neste tipo de zonas, uma vez que não há intensidade de tráfego, o congestionamento parece ser muito pequeno e não há controlo do tráfego por parte da polícia. Na figura acima, podemos ver que, em todo o período do estudo, os acidentes nas estradas devido ao fluxo de tráfego de veículos ocorrem em torno das áreas de residência, dos escritórios, dos mercados e na área das estradas de betão.

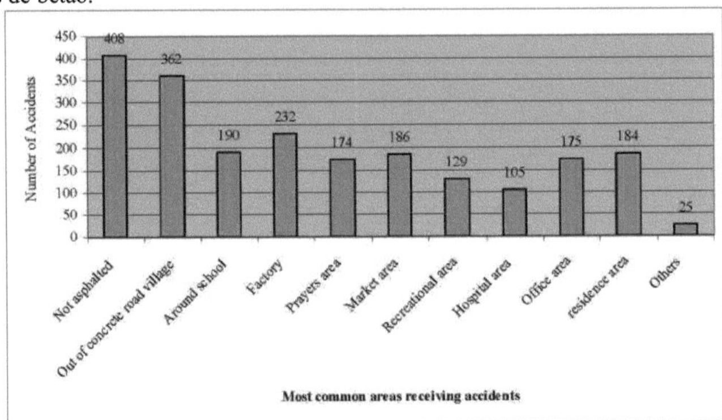

Figura 4.14 Áreas mais comuns expostas a acidentes com veículos

C: A conceção das estradas Ramificações e acidentes

A conceção e o traçado da direção das estradas também afectam a ocorrência de acidentes nas estradas. Na figura seguinte, podemos ver que, em 1997, a percentagem de acidentes atingiu o máximo devido à conceção da estrada como unidirecional ou apenas num sentido. A contribuição dos acidentes foi de 40%. De um modo geral, os acidentes ocorreram devido à conceção de estradas unidireccionais, bidireccionais e não divididas e simbolizadas por cores que facilitam o conforto dos condutores. A Autoridade Rodoviária da Etiópia tem de tomar medidas e respostas severas para as estradas do país, a fim de reduzir a sinistralidade rodoviária para a qual contribui. A conceção das estradas contribui, por si só, para a ocorrência de acidentes com vidas e propriedades. Os acidentes ocorrem aqui devido a uma forma de conceção das estradas. O fluxo de tráfego nesta via é elevado, mas a estrada nestas zonas não é satisfatória para mudar o caminho mais curto possível e deslocar-se por outro caminho. Isto torna a colisão mais fácil para o automóvel. De um modo geral, todos os problemas de ferimentos acidentais foram detectados em estradas unidireccionais e bidireccionais. O máximo de ferimentos ocorreu nas estradas bidireccionais.

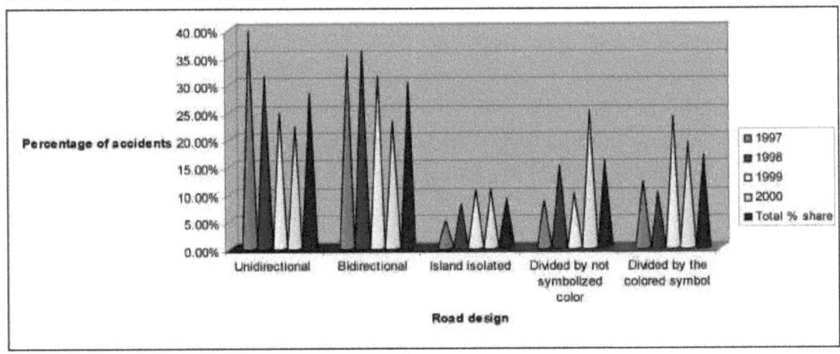

Figura 4.15 O sistema de conceção de ramificação de estradas

D: A posição ou a direção das estradas e o número de acidentes

De qualquer forma, a posição e a direção das estradas afectam a intensidade do fluxo de tráfego e as caraterísticas dos acidentes em qualquer país. Se a posição da estrada for demasiado acidentada, a ocorrência de acidentes é elevada e esperada devido ao seu estado. A direção das estradas de sentido único pode afetar a ocorrência de acidentes nas estradas do mundo. As vias de sentido único têm uma taxa de acidentes mais elevada do que as vias de sentido duplo, porque os veículos não podem passar facilmente uns pelos outros nestas vias. Na figura 4.16, verificamos que, em 2000, a E.C. registou o maior número de acidentes, com a classificação 275, numa estrada reta e plana. De um modo geral, verificamos que os acidentes são mais frequentes nas estradas planas e rectas nas regiões de Oromia, especialmente nos locais onde a velocidade é elevada, mas onde não existem problemas com as caraterísticas das estradas. N.B: A sequência de indicação da Fig. 4.16 é da esquerda para a direita e a explicação da legenda é de cima para baixo, respetivamente.

De um modo geral, verificamos que os acidentes são mais frequentes nas estradas planas e rectas das regiões de Oromia, especialmente nos locais onde a velocidade é elevada, mas onde não há problemas com as caraterísticas das estradas. Aqui, o grande problema é que as caraterísticas dos dados nos dizem que podem ajudar-nos a avaliar que tipo de posição das estradas é a causa de mais acidentes, mas não podem indicar as principais razões das causas dos acidentes. O acidente mais frequente ocorre em estradas rectas e planas. A segunda condição em que o acidente ocorre é nas zonas rectas e ligeiramente inclinadas das estradas.

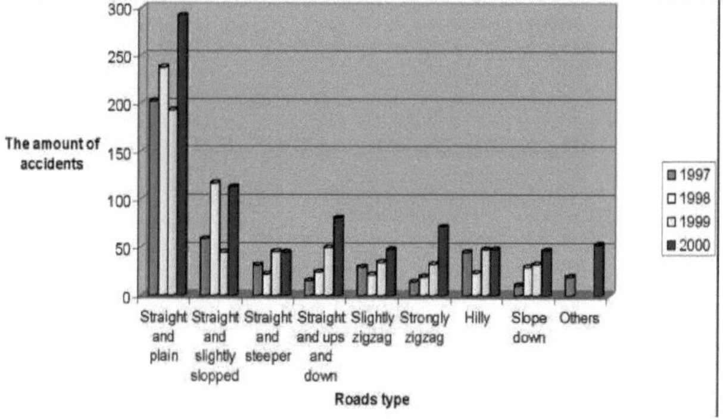

Figura 4.16 Estado das estradas onde ocorreram os acidentes mais comuns

***E:* As estradas Cruzamentos e acidentes**

O tipo de encontro das estradas também afecta os acidentes de viação nas vias. Sendo os encontros muitos, como os das estradas de Modjo, é muito provável que a colisão ocorra todos os dias nessas vias.

A figura 4.17 mostra claramente que, nas estradas estudadas, a percentagem máxima de acidentes com origem nos grupos de cruzamentos é registada nos casos em que não há cruzamentos nem estradas de ligação. Esta falha pode dever-se aos condutores ou às condições ambientais. No entanto, não há nada que possa indicar a principal razão para a ocorrência de acidentes nas zonas de reta, planície e sem cruzamento. Os problemas mais acidentais ocorreram no local onde não há junção. A taxa é de cerca de 43% quando comparada com as outras. O mínimo de acidentes ocorre no cruzamento de estradas de comboio, nas ilhas em forma de O, nas zonas de junção em forma de X. Os cruzamentos rodoviários em Y, em T e em T contribuem com um total de 30% para os acidentes rodoviários. Os restantes 7% são registados pelos sectores da polícia de Oromia noutros locais não indicados no formulário dos documentos em que se registam. O local é ramificado e dividido em diferentes direcções, mas o acidente é altamente notificado nesses locais. Alguns acidentes são registados em forma de T e em forma de T.

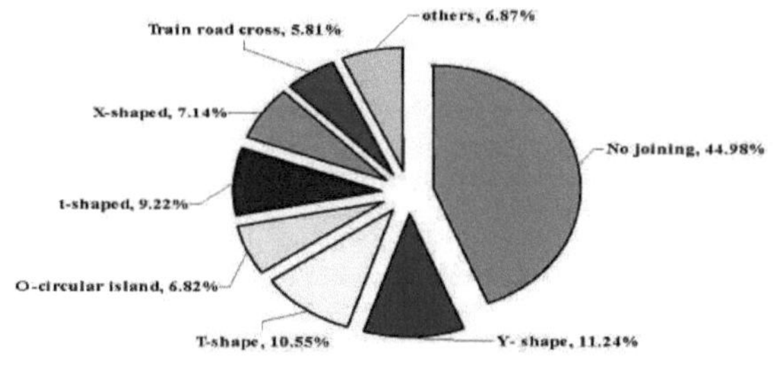

Figura 4.17: O tipo de nó rodoviário e a condição de ocorrência de acidentes

***F:* Os tipos de camadas da estrada e as condições de acidentes**

As camadas das estradas, tais como estradas de cascalho, estradas asfaltadas em boas condições, estradas poeirentas e estradas asfaltadas em desfiladeiros, afectam a ocorrência de acidentes nestas rotas da região de Oromia. Podemos ver a contribuição percentual dos acidentes nestes tipos de estradas.

Na figura 4.18 abaixo, o tipo de camada de estrada não afecta a gravidade do acidente porque a maioria da percentagem de acidentes mostra que os danos à vida e à propriedade ao longo dos quatro anos nestas estradas são devidos ao tipo de estrada asfaltada. O facto de a estrada ser asfaltada significa que não é a estrada que causa tantos acidentes no trajeto de Adis Abeba para Hawassa. Para além da camada de asfalto, existem outros problemas que contribuem para a ocorrência de acidentes. A taxa de acidentes em estradas asfaltadas de boa qualidade é de 46%, as estradas asfaltadas com desfiladeiros contribuem apenas com 20%, as estradas com camadas de gravilha contribuem apenas com 18% dos acidentes e as outras estradas com poeiras contribuem apenas com cerca de 16% nos quatro anos. A probabilidade de ocorrência de acidentes é maior nos locais onde existe asfalto bom e excelente e, em certa medida, nas estradas de cascalho.

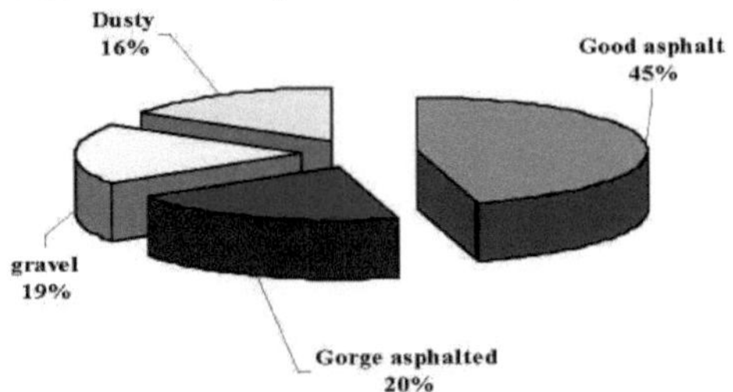

Figura 4.18: Tipos de camadas da estrada e consequências dos acidentes

G: As ***condições ambientais da estrada e*** **os acidentes cometidos** As condições ambientais da estrada, como a secura, a humidade, a lama e outras, podem afetar a ocorrência de acidentes rodoviários.

A figura 4.19 mostra que os acidentes rodoviários ocorreram devido ao estado seco das estradas. Os estados dizem que, devido ao problema das estradas, o acidente não é significativo. Os outros factores que causam confusão nos acidentes rodoviários estão presentes em algumas partes. Estas partes dos aspectos causadores de problemas serão selecionadas no resumo das conclusões. 59% dos acidentes neste itinerário ocorreram em estradas secas e o mínimo de problemas de estrada ocorreu com lama, humidade e outros em 14% das situações. A maior parte dos acidentes ocorre em condições ambientais em que as estradas estão muito secas e, em certa medida, em que o ambiente das estradas se torna húmido.

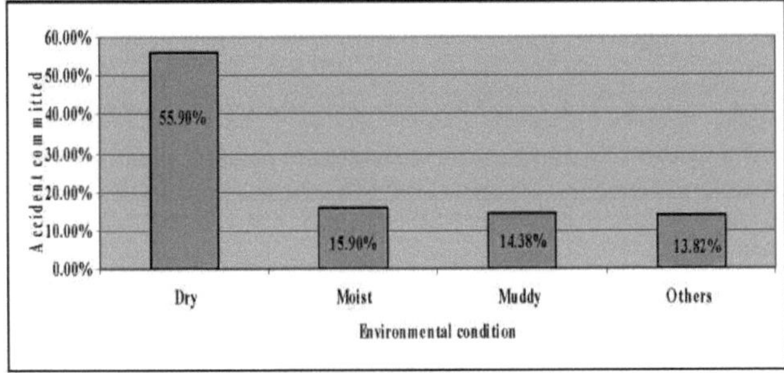

Figura 4.19 Condições ambientais da estrada

H: Tipos de acidentes cometidos pelos veículos

Os acidentes podem ser cometidos nas estradas por veículos que podem estar frente a frente, lado a lado, frente a lado, frente a trás, costas com costas, capotamento, colisão com peões, falha de um veículo em movimento, colisão com um comboio, colisão com animais e assim por diante. Vamos examinar onde a ocorrência de acidentes é máxima nos tipos de colisão a partir do estudo das estradas e dos dados obtidos.

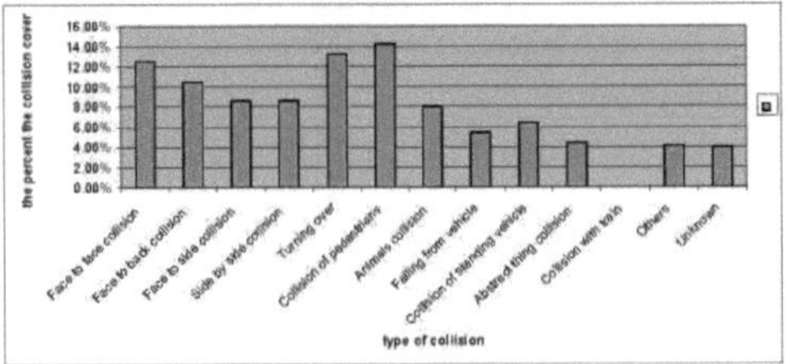

Figura 4.20 O tipo de acidente cometido

Os factores mais importantes para a colisão dos veículos e a ocorrência de acidentes são as quatro condições seguintes.

> Colisão face a face e colisão face a face

> Virar e colidir com peões

> Colisão lateral e colisão lateral

1: O estado da luz e os acidentes cometidos

A compreensão das condições de iluminação do ambiente e dos veículos é muito importante para a redução de acidentes. No local de estudo, a hora do relâmpago foi a que registou a maior percentagem de acidentes nas vias para camiões de Gelan a Tukur wuha.

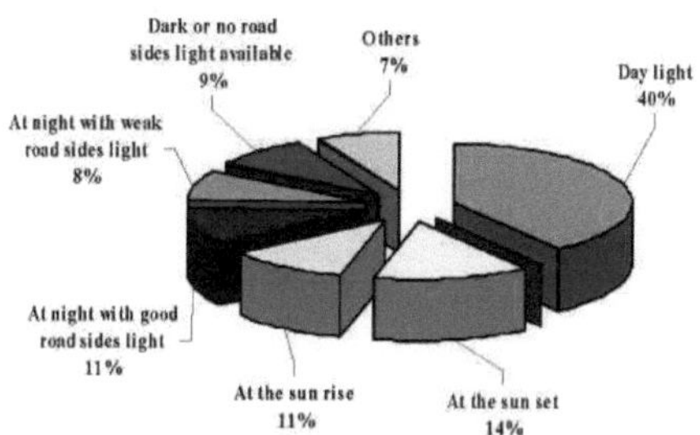

Figura 4.21 As condições de iluminação e os acidentes cometidos

Na figura 4.21 podemos observar que cerca de 40% dos ferimentos ocorreram devido à luz do dia ou à boa luminosidade. Portanto, neste sentido, podemos dizer que os acidentes rodoviários não se devem ao problema da luz. Há outros factores por detrás destes acidentes. O acidente mais frequente ocorre ao pôr do sol e ao nascer-do-sol, porque a população das estradas é muito densa nessas alturas, uma vez que as pessoas saem/chegam dos/para os locais de trabalho. O acidente mais notificado ocorre durante o dia. A razão do problema é agora estudada com rigor pela polícia. Se o dia fosse de sombra, qual seria o problema? Poderia ser muito elevado.

4.21.6: Condição dos acidentes na vida

A: Atividade dos peões e acidentes

A maioria dos acidentes ocorre em locais com elevada intensidade de população. A intensidade da população pode ser encontrada em redor de escolas, de aldeias de agricultores com os seus animais, de escritórios, de zonas de comercialização e de locais de trabalho. Nestas estradas principais, onde o estudo se concentrou, as pessoas tentam atravessar as estradas de forma descuidada, aumentando assim a probabilidade de o acidente ser notificado e visto.

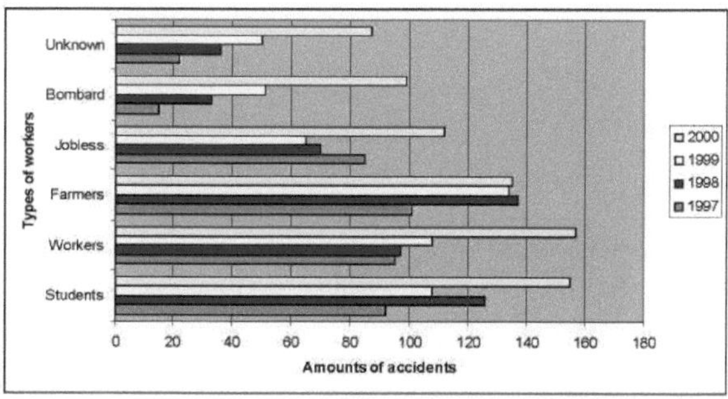

Figura 4.22 A ocupação do peão e os acidentes ocorridos com ele

Os estudantes, os trabalhadores e os agricultores são os que mais se acidentam nestas estradas de camiões da região. Isto deve-se ao facto de os estudantes se apressarem em massa e não terem consciência da ocorrência de acidentes. Os agricultores também não têm consciência de que atravessam as estradas porque se cansam com o trabalho que fazem durante o dia. Os trabalhadores também têm problemas no caminho quando estão a sair do trabalho ao fim da tarde ou a chegar ao trabalho de manhã cedo. A figura mostra que cerca de 150 lesões e acidentes rodoviários ocorreram com agricultores, trabalhadores e estudantes, o que representa uma percentagem de cerca de 70% do total. Por conseguinte, estes dados mostram que a formação e a educação devem ser ministradas no país e, em particular, a estes utentes da estrada.

8: O estado do tempo e o seu impacto na ocorrência de acidentes

As condições meteorológicas do ambiente também influenciam os acidentes de viação nas estradas em que se concentram os locais de estudo e noutros locais. Sol, nuvens, chuva, vento, poeira, etc., podem ter um efeito no acidente rodoviário. Podem acelerar os acidentes rodoviários de tempos a tempos. A partir do gráfico seguinte, verifica-se que a probabilidade de acidente é mais elevada em boas condições e em ambientes poeirentos, em comparação com os outros. Estes factores não podem, portanto, ser a razão da ocorrência de acidentes nas estradas do estudo. Os principais factores podem agora ser facilmente identificados.

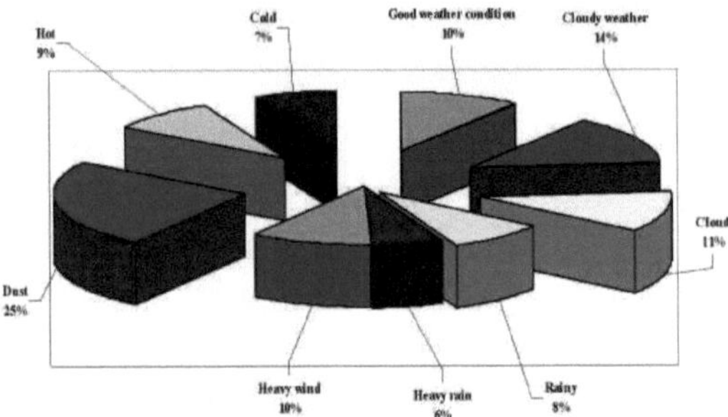

Figura 4.23 As condições meteorológicas e o seu impacto na ocorrência de acidentes

C: Movimento de veículos e número de acidentes

O outro fator que tem de ser analisado em pormenor durante o estudo é o dos acidentes do ponto de vista do movimento dos veículos nas estradas. Alguns dos movimentos dos veículos são a entrada nas estradas, virar à direita e à esquerda, passar por cima de outros veículos, viajar em linha reta, sair de casa, escritórios, celebrações, parar, virar em forma de U, etc. A atividade de um veículo tem efeito sobre as ocorrências de acidentes quando está em diferentes estados. Na figura abaixo, podemos ver que a maioria dos acidentes ocorreu devido ao movimento dos seguintes veículos.

f Ultrapassagem do outro veículo (22,40%)

f Viagens diretas (21,80%)

Estas duas condições contribuem para o total de acidentes de 45,20% do total de acidentes indicados na figura. Isto indica que as maiores ocorrências de acidentes resultam do excesso de velocidade dos condutores e da falta de atenção dos condutores, que perdem a consciência para não darem prioridade à marcha em frente.

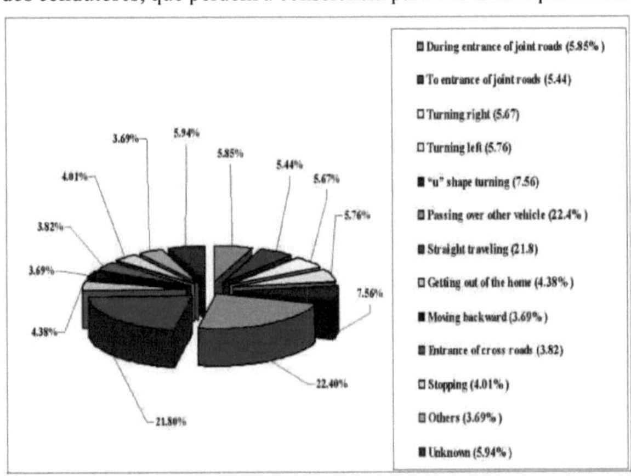

Figura 4.24 Estado de movimento do veículo causador do acidente

D: O estado de saúde do peão e os acidentes

Na maior parte das vezes, o rácio de pessoas saudáveis em relação às pessoas anormais é superior ao rácio de pessoas não saudáveis em relação às pessoas saudáveis no sistema real. Por conseguinte, quando se verifica que o nível de acidentes nas pessoas saudáveis é mais elevado. Isto indica que as pessoas saudáveis estão em risco. Os peões envolvidos num acidente podem ser saudáveis ou doentes, como cegos, surdos, alcoolizados ou que perderam a sua posição.

A figura 4.25 mostra que o maior número de feridos em acidentes é a população saudável. A razão do acidente é a mesma que a falta de cuidado do condutor do veículo e do próprio peão. Os utentes da estrada não têm em conta a distância entre o veículo e eles próprios. Os peões não atravessam as estradas nos cruzamentos. Os peões deslocam-se no interior das estradas principais, o que facilita a ocorrência de acidentes. Em seguida, o número máximo de acidentes registados com deficientes e com pessoas embriagadas. Apesar de ambas as partes poderem ver, não têm capacidade para escapar ao veículo por falta de energia.

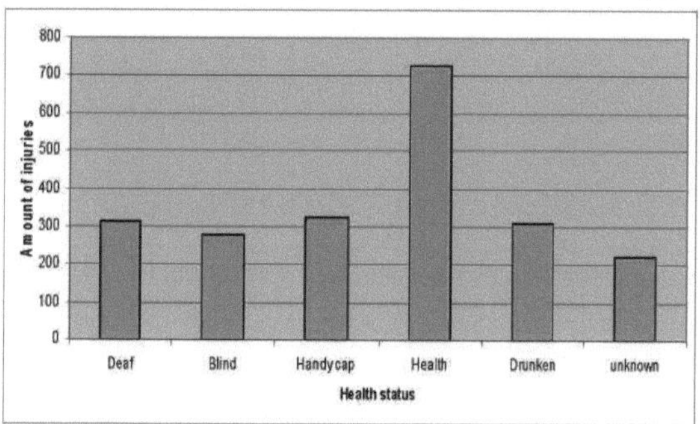

Figura 4.25: O estado corporal e o estado de saúde dos peões

E: Movimento dos peões e gravidade dos acidentes sofridos

O movimento do peão tem efeito na gravidade e nas ocorrências dos acidentes rodoviários. Isto é, os utentes da estrada, a menos que não estejam a viajar de acordo com as regras recomendadas para o tráfego, aumentam a gravidade dos acidentes. O movimento dos peões, como a travessia nas vias de atravessamento, a travessia das vias de circulação de veículos onde não há linhas de atravessamento, a travessia ao lado de outra via, a deslocação nas vias pedonais e nas vias de circulação de veículos, etc., são algumas das condições verificadas no período de estudo, como se pode ver a seguir, a partir da análise dos dados. A figura anterior mostra que a maior parte dos acidentes no trajeto de Gelan para Adis Abeba se deve à travessia de estradas onde não há passadeiras. A percentagem de 19,86% é a mais elevada, o que pode também dever-se ao facto de, na maior parte das estradas, não haver passadeiras. É por isso que as pessoas e os animais atravessam facilmente as estradas. O segundo maior problema do movimento dos peões deve-se ao facto de atravessarem as estradas em cruzamentos. Estes problemas devem-se, muito provavelmente, à pressa e à falta de cuidado dos condutores.

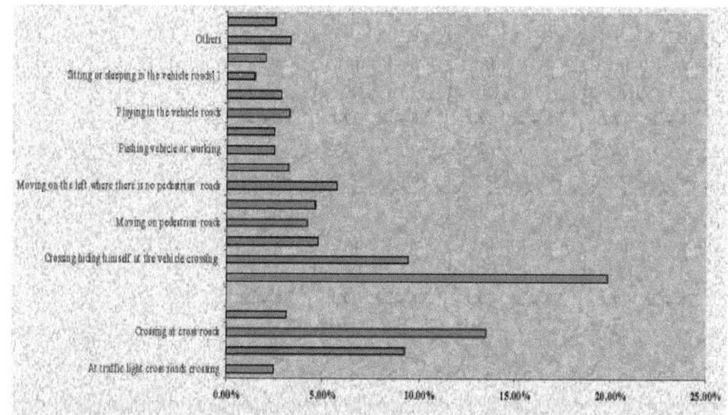

Figura 4.26: O movimento do peão e os efeitos dos acidentes

F: Os efeitos do acidente nos animais

O quadro seguinte mostra-nos que os animais feridos nas estradas, quer por morte, quer por ferimento. A probabilidade de os animais serem mortos ou feridos desta forma está a aumentar de ano para ano, a menos que sejam tomadas medidas severas. A morte de animais em 1997 foi de apenas 14, mas em 200 aumentou para 37 mortes. A morte em 1998 foi muito pequena quando comparada com as outras. O aumento da morte de animais nestas estradas deve-se às seguintes razões.

Tabela 4.3: Acidentes com animais

Anos de acidente	Morte	ferido	Total	Percentagem de participação
1997	14	5	19	17.27%
1998	8	3	11	10.00%
1999	17	10	27	24.55%
2000	37	16	53	48.18%
Total	76	34	110	100.00%

- Devido à falta de sensibilização dos condutores para não cuidarem deles
- Os agricultores não têm consciência de que os seus animais seguem em linha reta no asfalto. Por esse motivo, o condutor em excesso de velocidade atropela-os
- O ritmo acelerado do aumento do número de veículos no país
- O Estado e a lei estão a ser flexibilizados
- A autoridade responsável pelos transportes flexibiliza o fórum de sensibilização educativa para os condutores
- A educação é um caminho a seguir para os utentes da estrada

G: Tipos de pessoas feridas pelos acidentes

Em caso de acidente de viação, os condutores, peões ou passageiros correm o risco de sofrer um acidente.

Tabela 4.4.4: Tipos de pessoas feridas nos acidentes

s/n	Pessoas feridas	Morte	Ferimentos graves	Ferimento ligeiro	Total	% de quota
1	Condutores de veículos	43	33	13	85	11.10%
2	Peões	91	89	37	270	35.25%
3	Passageiros	142	144	101	411	53.66%
	Total	276	266	151	766	100.00%
	% de quota	36.03%	34.73%	19.71%	100.%	100%

A Tabela 4.4 indica quais os tipos de pessoas que correm maior risco durante os acidentes rodoviários. Os portadores de risco mais dominantes durante os acidentes são os passageiros, que representam 53,66% do total de feridos. Isto deve-se ao facto de, quando um veículo de transporte de pessoas se despista subitamente, poder provocar a morte de mais de 46 pessoas de uma só vez. O segundo grupo de risco em caso de colisão ou acidente é o dos passageiros, com uma percentagem de 35,25% do total. Estão expostos a riscos porque, quando atravessam as estradas em vias impróprias, podem não ter prioridade para os condutores.

O terceiro que cobre a percentagem de acidentes de 11,10% são os condutores. Quando comparamos com a população, estes estão expostos a lesões. Isto indica que os condutores são os que mais acidentes provocam.

4.3 As principais causas e consequências dos acidentes

4.3.1 As principais causas dos acidentes rodoviários

As principais causas de acidentes são categorizadas em três categorias principais, cada uma das quais com factores subcausais. Estas três principais causas de acidentes e lesões são o ser humano, a avaria dos veículos e o estado da rede rodoviária. A causa mais provável neste estudo foi identificada como sendo o ser humano, embora o sistema de tratamento de dados não considere os outros problemas com a causa e as formas como foi cometido. A conceção da rede parece não ter qualquer efeito sobre os condutores, mas tem muitos efeitos sobre eles. Neste estudo, embora a conceção das estradas pareça contribuir menos para os acidentes, a área das estradas será abordada no capítulo das soluções.

> Condução do condutor a beber, a mastigar, a alta velocidade, a tentar ultrapassar outro veículo, cansado, fraco, a dormir, aceleração incorrecta, negligência da regra de prioridade, tentativa de ultrapassagem em subida, violação da ordem da polícia de trânsito, etc.

> Os problemas dos veículos são a perda de travões, o desprendimento de pneus, a falha interna do veículo, etc.

> Os problemas das estradas, como a zona dos desfiladeiros, as colinas, o cascalho, a lama, o escorregadio, as estradas com fendas, as pontes más, etc.

Os problemas dos peões na estrada, como a negligência das regras de travessia e circulação, a perda da regra de olhar para a esquerda, olhar para a direita, etc., são os problemas mais comuns nas estradas. Os outros são a falta de tratamento dos condutores e a inconsciência das autoridades de trânsito em relação aos acidentes rodoviários e aos seus custos para a economia do país. A necessidade de controlar estes problemas é menor em relação às políticas que visam atenuar o aumento dos acidentes de viação nas estradas da cidade ou das regiões rurais.

A figura 4.28 mostra que o problema mais comum de todos os acidentes cometidos nestas vias se deve à condução em excesso de velocidade, negligenciando a prioridade dos peões e dos veículos.

4.3.2 : Total de acidentes de viação nas regiões de Oromia

Na figura 4.27, verifica-se que os acidentes obtiveram a percentagem máxima de acidentes em 1997, 1996, 1995, 1999 e 2000. A percentagem de acidentes de 11% deve-se a muitos factores explicados ao longo do documento. O número total de mortes ocorridas entre 1990 e 2000 foi de 7780. O número de feridos graves neste período foi de 11906 e o número de feridos ligeiros foi de 10632. O custo total dos danos materiais durante os onze anos foi estimado pelo departamento de estatística em **259.255.452** birr.

Na figura seguinte, verifica-se que o estado do tráfego em Oromia há 11 anos

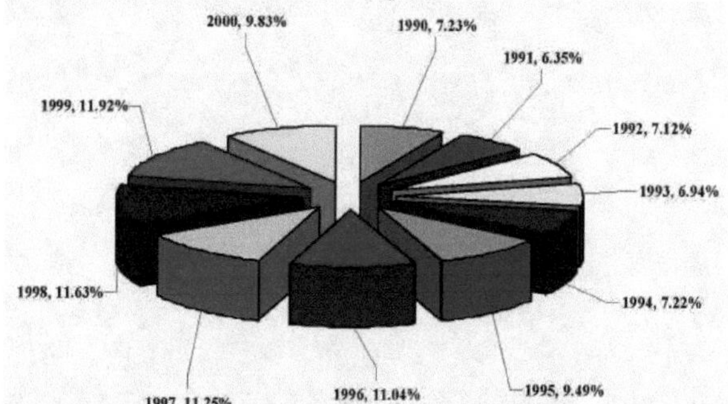

Figura 4.27: Situação dos acidentes ao longo de 11 anos nas regiões de Oromia

4.3. 3Número total de veículos danificados nos eventos de acidente

O número de veículos que colidem durante um acidente está a aumentar de tempos a tempos, causando algum impacto no proprietário individual ou no país como um todo. O número de veículos feridos durante os acidentes registados ao longo dos quatro anos indicados no quadro acima aumenta de ano para ano. O número máximo de feridos foi registado em 200E.C, representando 40,83% dos danos totais. Em segundo lugar, os danos do acidente registaram-se em 1997, com 24,44%. A taxa de acidentes nos restantes anos foi de apenas 17,50% em cada ano. Não foi encontrada qualquer razão na informação obtida durante o levantamento e organização dos dados.

Quadro 4.5 Número de veículos danificados

Anos	Ferimentos graves	Ferimento ligeiro	Total	% de quota
1997	49	39	88	24.44%
1998	42	21	63	17.50%
1999	48	14	62	17.22%
2000	84	63	147	40.83%
Total			360	100.00%

4.3.4 . Falta de um sistema de gestão dos acidentes rodoviários

Durante o inquérito no terreno para este estudo, os problemas identificados como possíveis causas dos acidentes rodoviários nas regiões de Oromia foram alguns dos seguintes aspectos principais do sistema de gestão.

Punição: o sistema de punição dos condutores que cometem acidentes é fraco. O castigo é avaliado em termos monetários ou, se se tratar de um castigo forte, o condutor é levado para a prisão. Passado algum tempo, o condutor é libertado e a sua carta de condução é-lhe entregue sem uma formação completa. Este tipo de castigo pode aumentar o número de acidentes de viação, a menos que se tome uma decisão forte, retirando a carta de condução quando o condutor comete um acidente pela segunda vez em qualquer situação, de acordo com as condições do acidente. Na minha opinião, o castigo não é um método para reduzir o número de acidentes, mas sim para encontrar formas de os resolver, depois de se ter apurado a possível causa dos acidentes.

Sistema de recuperação de dados: a maioria das esquadras da polícia não estava equipada com um sistema informatizado de tratamento de dados e, possivelmente, com um tratamento de dados inconveniente para o trabalho de investigação quando é necessário. Os dados estão organizados em formulários manuais e em papel, pelo que o investigador não pode apresentar um breve resultado do estudo e o método que é muito necessário para a redução dos acidentes rodoviários. Nalgumas esquadras da polícia, a maioria dos ficheiros perdeu-se quando os investigadores jurídicos lhes pediram para fornecerem as informações necessárias para analisar a situação dos acidentes. Os dados utilizados também não estão bem organizados e

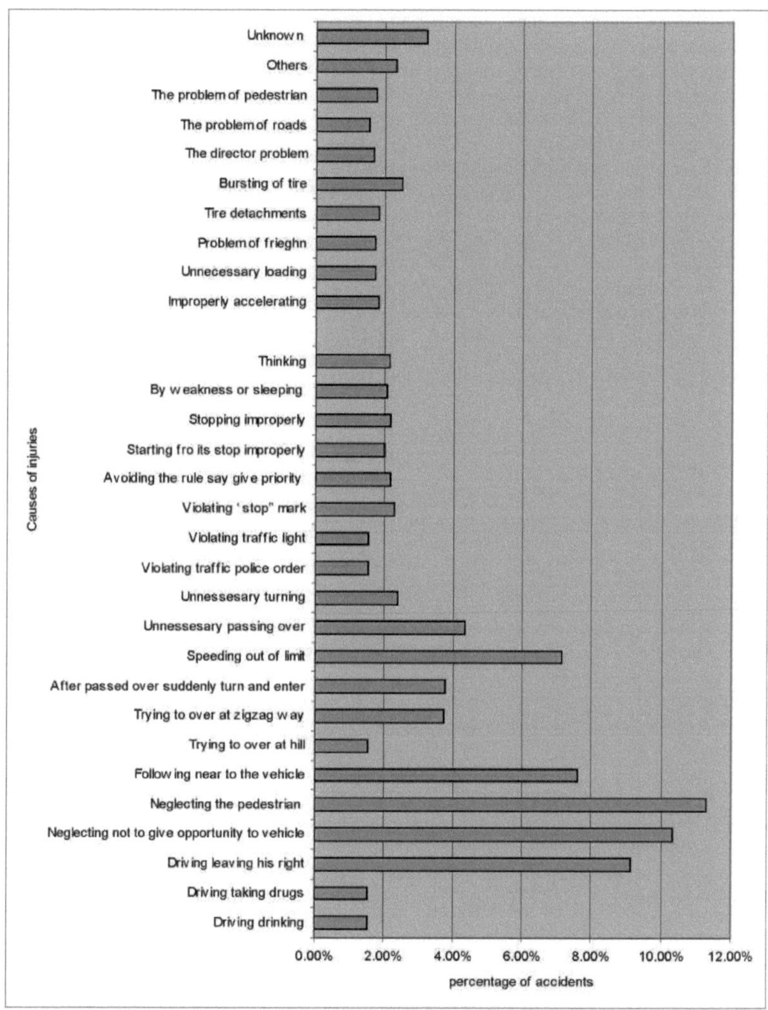

Figura 4.28: Razões que levam os condutores a causar acidentes

Colocar em ficheiro adequado cópia impressa. Esta indisponibilidade de dados faz com que os investigadores não consigam avaliar tudo de forma exaustiva e resolver o problema do país.

Formação académica: a maioria dos polícias e agentes de trânsito tem uma formação académica muito deficiente. O nível de licenciatura é quase inexistente e o diploma, o certificado, o ensino secundário completo, o ensino básico completo, o primeiro ciclo completo e a capacidade de ler e escrever são os mais proeminentes nos serviços de polícia. O facto de estes grupos serem ineficazes na recolha de dados e suficientes para utilizar o Radar para ler, uma vez que este é rotulado em língua inglesa, teve muito efeito no sistema de controlo e gestão do tráfego.

Gestão do ambiente: o estado do ambiente, a gestão técnica da segurança do tráfego é global e, tendo em conta os factores que influenciam a segurança do tráfego, tem em conta aspectos como as pessoas, os veículos, as estradas e o ambiente, etc.

4.4 Custo dos acidentes de viação dos danos materiais

Os acidentes rodoviários causam ferimentos, morte, perda de bens e danos nos veículos. Tudo isto implica uma perda monetária para a economia. Quando as estradas são melhoradas, a taxa de acidentes rodoviários diminui. Isto resulta em benefícios quantificáveis para a economia. Embora a taxa global de mortalidade tenha diminuído e a esperança de vida tenha aumentado, o risco de morte nas estradas aumentou consideravelmente. É preciso ter em conta que, nos países em desenvolvimento e emergentes, a segurança rodoviária é um dos muitos problemas que exigem a sua quota-parte de financiamento e outros recursos. Mesmo dentro dos limites do sector dos transportes e das estradas, têm de ser tomadas decisões difíceis sobre os recursos que um país pode dedicar à segurança rodoviária.

A degradação económica estimada pela polícia de trânsito durante os danos materiais nestas estradas em estudo foi de 13,114,850 ETB. O custo geral dos danos materiais causados pelo tráfego rodoviário é apresentado na Tabela 4.6.

O custo dos danos materiais no local do estudo foi estimado em 12.114.850 ETB durante os quatro anos do período. O custo dos danos materiais tem um impacto negativo sobre o contexto económico do país e as interações sociais no desenvolvimento. O custo dos danos materiais assegura a perda de economia devido à ação humana e às acções naturais que sobrecarregam o desenvolvimento.

Quadro 4.6: Estimativa do custo dos danos materiais

Anos	Custo estimado dos danos materiais em ETB	% de quota
1997	1,712,900	14.14%
1998	3,687,700	30.44%
1999	3,666,600	30.27%
2000	3,047,650	25.16%
total	12,114,850	100.00%

Quadro 4.7 Mortes, ferimentos graves, ferimentos ligeiros e danos materiais

Condições	Morte	Sério	Ligeiro	Imóveis	Total
Total	241	137	100	264	742
Percentagem	**32.48%**	**18.46**	**13.48**	**35.58**	**100%**

No quadro acima, a taxa de mortalidade é quase tão equivalente como a dos danos materiais. A taxa de mortalidade é a mais elevada quando comparada com os danos materiais, porque os danos materiais são relativamente elevados em termos de número durante a ocorrência dos acidentes. Por conseguinte, a taxa de mortalidade tem um custo mais elevado para o fracasso socioeconómico do país.

Quadro 4.8: Métodos da matriz de Haddon para identificação de problemas

tipo	**Humano**	**Veículos/equipamentos**	**Ambiente físico**	**Social/económico**
Pré-colisão	Má visão ou tempo de reação, álcool,	Travões avariados , falta de luzes, falta de sistemas de aviso	Faixas de rodagem estreitas, sinais mal temporizados, maus pontos negros, estradas em ziguezague, poeirentas,	Normas culturais que permitem o excesso de velocidade e o desrespeito dos sinais vermelhos,
colisão	Não utilização do cinto de segurança	Cintos de segurança com mau funcionamento, sacos mal concebidos	Barreiras de proteção mal concebidas, má conceção das pontes	Falta de regulamentação da conceção **dos veículos**
Postcrash	Elevada suscetibilidade ao álcool	Depósitos de combustível mal concebidos	Emergência deficiente sistema de comunicação	Falta de apoio aos controlos de tráfego e ao sofrimento sistema

A prevenção destes tipos de factores é muito importante para reduzir o número de acidentes de viação nas estradas do local de estudo

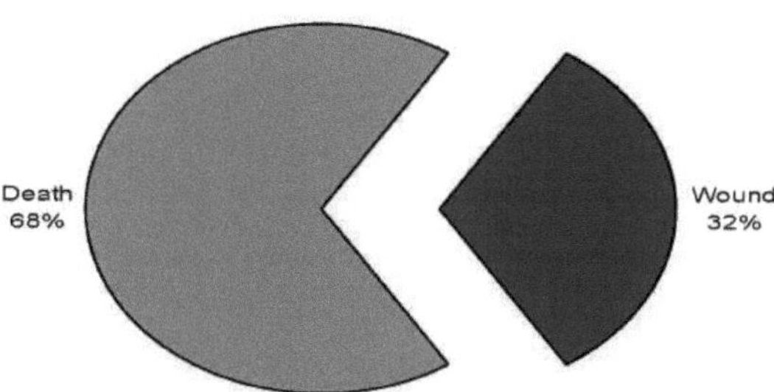

Figura 4.29 Animais /gado/ feridos durante os acidentes

A Fig. 4.29 mostra que o número de animais feridos nas estradas rurais é de 68% em caso de morte e de 32% em caso de ferimentos. O número de animais mortos é mais elevado do que o de animais feridos, porque os condutores conduzem muito depressa e os animais não podem sair da estrada para dar espaço ao veículo quando entram na linha. É necessário que os condutores tenham o máximo cuidado ao conduzir nas zonas rurais.

4.5 Resumo das conclusões

A maioria dos acidentes encontrados no estudo de inquérito foi causada pelos condutores; os utentes da estrada e o problema dos veículos são resumidos da seguinte forma.

I. Resumo qualitativo: Os dados não são recolhidos corretamente pela polícia de trânsito e não são preparados de forma completa para as conveniências da análise da investigação. Estes problemas devem-se à falta de informatização do sistema na organização. O outro grande problema estudado foi o facto de a formação académica dos polícias de trânsito ser fraca. O nível de licenciatura e superior não é esperado. Por conseguinte, é difícil tratar os dados de forma fácil e sistemática. Por outro lado, é-lhes difícil compreender as marcas utilizadas nas bermas das estradas, uma vez que estão escritas em inglês, e surge o problema das técnicas de leitura de radar. Em geral, verificam-se problemas de gestão da segurança do tráfego e de gestão dos dados.

II. Resumo dos dados quantitativos

A. A intensidade de tráfego mais elevada e a localização dos acidentes: Akaki - Modjo, a intensidade de acidentes e de tráfego é a mais elevada, devido à proximidade da capital e ao facto de as rotas de exportação-importação também passarem por estas estradas (ver pormenores na figura 3.42 do capítulo três).

B. Comparação da taxa de acidentes de 1997-2000 E.C.: A taxa de acidentes está a aumentar de 1997 a 2000 E.C. O acidente registado em 1997 foi de 23,67%, em 1998 foi de 25,46%, em 1999 foi de 20,55% e em 2000 foi de cerca de **30,37%**, sendo comparativamente o mais elevado no local de estudo.

C. Acidentes de viação de hora a hora: A taxa de acidentes de viação durante o dia é superior a 70% e durante a noite é de apenas 30%. As horas de ponta do dia têm uma contribuição máxima de acidentes de viação do que as outras. A taxa de acidentes medida durante o dia, das 2:00 às 4:00, das 6:00 às 8:00 e das 9:00 às 12:00, e durante a noite, das 1:00 às 3:00 horas, contribui com uma percentagem total de **76%**. Isto indica quando a polícia de trânsito deve exercer um controlo rigoroso sobre os condutores e utentes da estrada (ver análise detalhada na figura 4.4 e no Apêndice I, no Quadro A-1).

D. A idade dos condutores que causaram acidentes: 67,20% dos acidentes foram causados pelo grupo etário dos 18-50 anos. O maior número de acidentes com veículos foi registado no grupo etário dos 18-30 anos, causando acidentes de 36,42% **(ver análise detalhada na figura 4.5 e no Anexo I, Quadro A-3).**

E. Os condutores Géneros

O género que mais comete acidentes é o masculino. Os condutores do sexo masculino causam acidentes em **99,17%** dos trajectos e os do sexo feminino apenas **0,83%**, o que é insignificante. Entre estas pessoas, os proprietários de veículos particulares e autónomos causam o máximo de acidentes nestes trajectos.

F. Tipos de veículos que causam o máximo de acidentes: Camião de carga pesada com capacidade de 1140 quintais como o ISUZU, camião de carga pesada com capacidade de 41-100 quintais, pick-up com capacidade de 10 quintais, carrinhas de estação, camião de carga pesada com reboques, autocarro, capacidade de transporte de pessoas de 12 lugares e capacidade de transporte de pessoas de 13-45 lugares contribuem com uma percentagem de todos os acidentes, com **70,45%** do total de acidentes (ver Apêndice V, Fig. B-19).

Quadro 4.9: Tipos de pessoas feridas no acidente

s/n	Pessoas feridas	% de quota	
1	Condutores de veículos	11.10%	Os peões e os passageiros estão mais expostos à partilha de riscos em **89%** dos acidentes. **54%** dos acidentes recaem sobre os Passageiros
2	Peões	35.25%	
3	Passageiros	53.66%	
	Total% quota	100.00%	

H. Local onde ocorreram os acidentes: A maioria dos acidentes foi registada em estradas não asfaltadas, em aldeias em torno de fábricas, escolas, mercados, orações, áreas residenciais e áreas de escritórios (ver análise detalhada na Fig. 4.14 e no Anexo I, Tabela A-12).

I. Tipos de estradas em que ocorreram acidentes: O maior número de acidentes ocorre nas estradas que se juntam às rurais, isto é, quando as viaturas apenas apanham as estradas rurais e à entrada das cidades a partir das estradas rurais à mesma velocidade que tinham antes, partilhando **47%** do total de acidentes. Os restantes ocorrem em cidades, cascalho e em estradas de ligação à província (Ver análise detalhada na fig. 4.13 e Apêndice I, Tabela A-11).

J. Tipo de estradas: 58% dos acidentes ocorreram em estradas rectas planas e rectas ligeiramente inclinadas (ver análise pormenorizada na fig. 4.16 e no Apêndice I, Quadro A-14).

K. As camadas das estradas: A maioria dos acidentes ocorre nas estradas de asfalto. **65%** dos acidentes foram registados em zonas de asfalto e de desfiladeiros (ver análise pormenorizada na fig. 4.18 e no Anexo I, Quadro A-16).

L. Estado das estradas: 40% dos acidentes ocorrem à luz do dia. **25%** dos acidentes ocorrem ao nascer e ao pôr do sol e **55,90%** do total de acidentes ocorreram nas estradas em condições secas (ver análise detalhada na fig. 4.21 e no Anexo I, Quadro A-19).

M. O estado do tempo: Em condições meteorológicas favoráveis, a sinistralidade atingiu **38%** nestas vias (ver análise pormenorizada na figura 4.19 e no Apêndice I, Quadro A-20.1).

N. Movimento dos peões: A maioria dos peões feriu-se quando tentou atravessar onde não havia passadeira. Isto indica que deve ser dada mais formação aos peões sobre os métodos de atravessamento e utilização das estradas (ver análise pormenorizada na fig. 4.26 e Apêndice I, Quadro A-20.2).

O. A principal causa dos acidentes de viação

A condução sob o efeito de bebidas alcoólicas, mastigação de tabaco e consumo de outras drogas é a forma mais comum de conduzir. Por sua vez, isto leva o condutor a ser corajoso e a exceder a velocidade. Este excesso de velocidade leva o condutor a não dar prioridade aos peões ou aos veículos, leva-o a tentar ultrapassar em qualquer lugar, ajuda-o a violar as regras dos semáforos, a negligenciar as ordens da polícia e a carregar desnecessariamente, a acelerar indevidamente e a fraquejar ou a dormir enquanto conduz. Tudo isto se conjuga e dá origem a acidentes.

H. Causas dos acidentes de viação: Os acidentes de viação ocorrem principalmente na área das estradas, tais como obstáculos à visão, ausência de sinais de trânsito, declive do terreno, plantas à volta das estradas que obscurecem a visão, ausência de caminhos separados para cada parte envolvida na utilização das estradas, etc.

Os utentes das estradas, tais como os peões, os animais e os veículos, os condutores, o problema da velocidade excessiva, a ausência de fiscalização do trânsito, a violação das regras de trânsito, a carta de condução inadequada, etc. Os problemas dos veículos, como a fratura dos pneus, a má rede rodoviária, a falta de conhecimentos sobre segurança rodoviária, o sistema de fluxo de tráfego misto, a legislação deficiente e a falta de aplicação da lei, as más condições dos veículos, os serviços médicos de emergência deficientes e a inexistência de uma lei de seguro obrigatório de acidentes rodoviários foram identificados como factores determinantes do problema. Os problemas rodoviários, a partir de dados recolhidos na região de Oromia entre 1997 e 2001, de Gelan a Hawassa, são as causas das mortes em vida.

Quadro 4.10: resumo dos tipos de problemas

Problemas dos condutores	55%
Problemas dos peões	35%
Problemas de veículos	5 %
Problemas rodoviários	1%
Outros	4%

Quadro 4.11: Custo do acidente

Anos	Custo estimado dos danos materiais em ETB	% de quota
1997	1,712,900	14.14%
1998	3,687,700	30.44%
199	3,666,600	30.27%
2000	3,047,650	25.16%
Total	12,114,850	100.00%

Os danos materiais e as lesões corporais provocam a degradação económica e travam o desenvolvimento. Aqui, o custo do acidente de trânsito ao longo de quatro anos foi estimado em **12.114.850** ETB de danos materiais apenas nas rotas de estudo Em 2000E.C o custo mostra uma redução na

Os resultados e os problemas acima referidos não devem permanecer inalterados. No próximo capítulo, serão analisadas as formas de combater os principais problemas para reduzir os acidentes de viação nestas vias e noutras no país, a Etiópia. As possíveis contra-medidas tomadas, enfatizando as partes mais críticas do problema, para melhorar a minimização da ocorrência de acidentes de viação em todo o país e não apenas em termos de papel.

De um modo geral, a partir desta observação e constatação, as causas mais graves do problema são as seguintes

1. O problema dos condutores e a falta de sensibilização para a condução.
   - recusa de prioridade aos peões
   - negligenciar os limites de velocidade
   - cargas pesadas camião que transporta as pessoas de forma inadequada
   - sobrecarga/carga descuidada e desrespeito das regras de trânsito
2. negligência dos peões nas estradas
3. o estado dos veículos é deficiente
4. animais e utilização de carrinhos nas principais vias
5. os construtores de estradas não actuam corretamente
6. construir a estrada

O tratamento médico inadequado dos ferimentos é uma das causas do maior número de mortes e do fracasso económico do país.

Capítulo 5

5. Estratégias preventivas e possíveis medidas de combate

5.1 Problemas identificados e contra-medidas

Foram discutidos os problemas mais comuns identificados nos capítulos anteriores. O sistema de gestão de dados da polícia foi obtido e classificado como muito mau. Por isso, o sistema de recuperação de dados e informações tem de ser informatizado e a polícia tem de ser educada ao nível da licenciatura.

Os locais onde deve ser prestada mais atenção são Akaki a Mojdo e em algumas vias onde existem centros de serviços, zonas públicas, mercados e zonas agrícolas. A polícia de trânsito deve prestar atenção às estradas à entrada das zonas rurais ou de comércio, onde se registaram 47% dos acidentes. Os peões que utilizam as estradas devem estar cientes destas regras e não atravessar as estradas sem passadeiras.

Os acidentes de viação nas horas de ponta, nos mercados, nos dias úteis e nas horas de lazer devem ser objeto de atenção para reduzir a gravidade dos acidentes através da educação, da formação da polícia e dos utentes da estrada.

Os tipos de veículos, tais como camiões de carga pesada com capacidade entre 11 e 40 quintais ou ISUZU, camiões de carga pesada com capacidade entre 41 e 100 quintais, pick-ups com capacidade de 10 quintais, carrinhas, camiões de carga pesada com reboque, autocarros de transporte de pessoas, que contribuíram para a sinistralidade em 70,45%, têm de ser educados e controlados pelo governo através de técnicas de limite de velocidade, limite de distância, etc.

5.2 Gestão da segurança do tráfego rodoviário

A gestão da segurança rodoviária consiste em encontrar as regras dos acidentes de viação, adotar a legislação de viação, regulamentar a gestão da segurança rodoviária e aplicar os controlos de viação através do estudo dos acidentes de viação, a fim de prevenir os acidentes e reduzir o número de mortos e de danos materiais. Os objectivos da gestão são reduzir os acidentes e a sua gravidade. Existe uma relação consanguínea entre a gestão da segurança rodoviária e a segurança do tráfego através da definição da gestão da segurança rodoviária. A gestão consumada e científica da segurança rodoviária permitirá melhorar o ambiente do tráfego e reduzir o número de acidentes de viação.

A gestão da segurança do tráfego: Envolve a gestão da administração da segurança do tráfego (o mecanismo, a política de segurança do tráfego, o dever de segurança do tráfego da gestão da segurança do tráfego), a prática segura do tráfego (fisiologia e psicologia do condutor, etc., prática segura do veículo, análise e contramedida do acidente de trânsito) e as instalações de segurança do tráfego rodoviário (instalações de segurança rodoviária, instalações de segurança de salvamento e ajuda em veículos, instalações de segurança dos participantes no tráfego, educação de segurança do tráfego), etc. (Wang, W. *et al.* 2003). A gestão compatível da segurança do tráfego é um pré-requisito para garantir a segurança da estrada e das pessoas e promover o desenvolvimento económico. A gestão incompatível

Sistema de estruturação da gestão da segurança do tráfego: A gestão da segurança rodoviária inclui a gestão da administração da segurança rodoviária, a gestão técnica da segurança rodoviária e a gestão das instalações de segurança. O sistema de estrutura concreta é apresentado na figura 5.1.

A. Gestão da segurança do tráfego: A gestão administrativa da segurança rodoviária inclui o mecanismo de gestão da segurança rodoviária, a política, o dever e o sistema de informação administrativa da tecnologia, etc. Inclui o mecanismo de gestão da segurança rodoviária, a política de gestão da segurança rodoviária, o dever de gestão da segurança rodoviária e o sistema de informação da gestão administrativa técnica da segurança rodoviária

B. Gestão técnica da segurança rodoviária: A gestão técnica da segurança rodoviária é abrangente e, tendo em conta os factores que influenciam a segurança rodoviária, abrange aspectos como as pessoas, os veículos, as estradas e o ambiente, etc. Inclui a análise de acidentes de trânsito, a gestão de pessoas, a gestão de veículos, a gestão de estradas, a gestão ambiental e a aplicação da tecnologia de informação eletrónica avançada e a gestão do sistema de pré-aviso de segurança do trânsito.

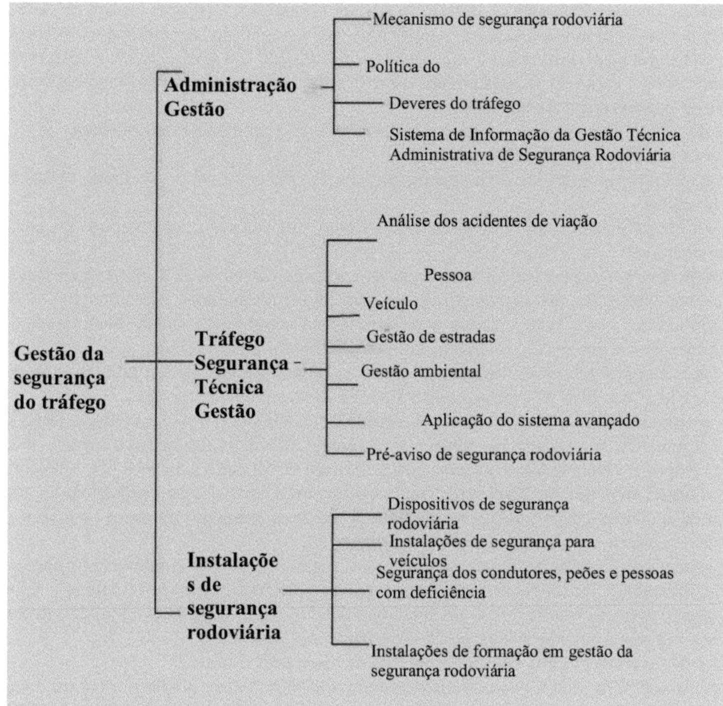

Figura 5.1: O sistema estruturado de gestão da segurança rodoviária

A. Gestão dos equipamentos de segurança rodoviária: A gestão das instalações de segurança do tráfego inclui a gestão das instalações de segurança rodoviária, a gestão das instalações de segurança dos veículos, a gestão das instalações de segurança dos condutores, a gestão das instalações de segurança dos peões, a gestão das instalações de segurança das pessoas com deficiência, a gestão das instalações de formação em segurança do tráfego e a gestão das instalações de salvamento. De acordo com a análise da situação do aumento dos acidentes rodoviários que aparecem no nosso país e em algumas cidades, não é porque a área rodoviária é insuficiente, mas sim porque não se pode utilizar eficazmente as instalações de tráfego. Inclui a gestão de instalações de segurança rodoviária, a gestão de instalações de segurança de veículos, a gestão de instalações de segurança de condutores, peões e pessoas com deficiência e a gestão de instalações de formação de segurança rodoviária.

Este princípio de gestão da segurança rodoviária deve ser aplicado pelos organismos responsáveis, se o objetivo do país for reduzir os acidentes rodoviários e tornar a vida segura, a fim de garantir a vida produtiva da sociedade.

5.3 Estratégias a longo prazo

Esta estratégia é o método de planeamento para reduzir a gravidade dos acidentes através do estudo das áreas-alvo e da implementação gradual dos mecanismos de redução propostos pelo estudo durante um período de tempo mais longo no futuro.

5.3.1 Gerir a exposição ao risco

Talvez as menos utilizadas de todas as estratégias de intervenção em matéria de segurança rodoviária sejam as que visam reduzir a gestão da exposição ao risco através de políticas de transporte e de utilização dos solos. Embora seja necessária mais investigação para explorar plenamente as estratégias de intervenção, sabe-se que a exposição ao risco de lesões rodoviárias pode ser reduzida através de estratégias que incluem Reduzir o volume de tráfego de veículos motorizados através de uma melhor utilização dos solos; proporcionar redes eficientes em que os percursos mais curtos ou mais rápidos coincidam com os percursos mais seguros;

incentivar as pessoas a mudar de modos de transporte de maior risco para modos de transporte de menor risco; colocar restrições aos utilizadores de veículos motorizados, aos veículos ou à infraestrutura rodoviária.

O impacto das estratégias destinadas a influenciar a mobilidade e o acesso tende a ser cumulativo e a reforçar-se mutuamente, e essas estratégias podem ser aplicadas de forma mais eficaz em combinações.

5.3.2 Reduzir a ocorrência de acidentes

As técnicas que se seguem são muito importantes para reduzir a ocorrência de acidentes.

1. Proporcionar um ambiente propício à segurança.
2. Conceber ou melhorar as estradas para separar os utentes que circulam a diferentes velocidades e em diferentes direcções.
3. Melhorar a visibilidade das estradas, dos sinais de trânsito, dos veículos e dos utentes das estradas, tanto de dia como de noite.
4. . A visibilidade deve ser uma prioridade aquando da conceção das estradas e, nas estradas existentes, os arbustos e outros obstáculos que obscurecem a vista devem ser removidos e proibidos.
5. Uma boa iluminação, cores bem visíveis e superfícies reflectoras nos sinais, bem como vestuário e reflectores bem visíveis nos peões e ciclistas, também melhoram a visibilidade.
6. Aprovar e fazer cumprir leis que estabeleçam níveis máximos de alcoolemia para os condutores. Esta medida pode reduzir em **40%** a ocorrência de acidentes que resultam em morte.
7. Controlar a velocidade através de projectos rodoviários que acalmem o tráfego, como as rotundas, e fazer cumprir os limites de velocidade de forma consistente, utilizando dispositivos como os radares de velocidade. Quando a velocidade de um automóvel aumenta de 50 km/h para 80 km/h, a probabilidade de se envolver num acidente que mate um peão é oito vezes maior. Diminuir a velocidade em 1% pode reduzir a ocorrência de acidentes em 2% a 3%. As medidas de acalmia de tráfego são muito eficazes na redução da incidência de acidentes rodoviários em zonas urbanas.
8. Aplicar um sistema de licenças de condução graduadas, segundo o qual os condutores principiantes sejam inicialmente limitados a conduzir acompanhados por um condutor experiente, depois a conduzir sem acompanhamento apenas durante o dia, em seguida a conduzir com um número limitado de passageiros, e assim sucessivamente, até adquirirem plena experiência e competência.

5.3.3. Reforço do controlo dos comportamentos de risco ao volante

Para além da regulamentação relativa ao cinto de segurança, a polícia deve iniciar um controlo especial que inclua multas pesadas, suspensão da carta de condução e uma fiscalização mais frequente das infracções de trânsito relacionadas com sete comportamentos de risco na condução. Os principais comportamentos de risco incluem:

- condução em estado de embriaguez,
- conduzir sem carta,
- excesso de velocidade,
- violação dos sinais de trânsito,
- intrusão na faixa mediana,
- Condução selvagem dos motociclistas, etc.

Como resultado, deve haver uma queda significativa no número de mortes em quatro categorias de comportamento de risco: condução em estado de embriaguez, condução sem carta, excesso de velocidade e violação dos sinais de trânsito. No domínio das outras causas de mortalidade, observar-se-ão diminuições significativas do número de mortos em relação aos mortos correspondentes do ano anterior, uma vez aplicada esta técnica, a fim de se obter uma mudança notável na redução da sinistralidade.

5.3.4. Sistema de recompensa financeira para provas de infração de trânsito

A recompensa financeira para todos os utentes da estrada e para qualquer pessoa que esteja próxima dos condutores de veículos e cometa erros é uma motivação muito importante para apresentar os documentos que reuniu.

Em abril de 2001, o Governo da Coreia introduziu um sistema de recompensa para os cidadãos que denunciem infracções rodoviárias. Ao abrigo deste sistema, qualquer pessoa que possua provas de uma infração rodoviária pode comunicá-la e receber uma recompensa financeira. As provas assumem normalmente a forma de fotografias ou vídeos tirados no local da infração. Este sistema inspirou muitas pessoas a tirar fotografias de infracções rodoviárias para obterem uma recompensa financeira em dinheiro. Durante o mês de abril de 2001, o primeiro mês de implementação, foram apresentados às autoridades 25 000 casos de infração de trânsito por dia, tendo 99% dos casos inicialmente apresentados sido considerados verdadeiros e recompensados. O número de casos apresentados diminuiu de 25.000/dia em abril para 7.000/dia em agosto de 2001 - números que podem ser parcialmente explicados pela sugestão de que mais condutores começaram a respeitar as regras de trânsito (13, 16).

Por conseguinte, no nosso país, deveríamos também pôr em prática esta experiência coreana para reduzir a gravidade dos acidentes, motivando todos os cidadãos a serem recompensados. Ao fim de alguns anos, os condutores controlam-se uns aos outros e prestam atenção às regras.

5.3.5. Introduzir a educação para a segurança rodoviária no sistema escolar

De todas as estratégias propostas para garantir um grau razoável de segurança nas auto-estradas, a introdução da educação para a segurança do condutor e do tráfego no sistema escolar é a mais potente. A educação para a segurança é uma educação centrada na vida e o aspeto da educação geral que deve ser ministrado nos níveis secundário e superior de ensino para ajudar os estudantes e outros indivíduos a aprenderem a utilizar os veículos a motor de forma segura e eficiente. A educação para a segurança dos condutores e do tráfego deve ser ministrada ao nível do ensino primário e secundário nas escolas etíopes. As instruções são dadas na sala de aula e durante os treinos na estrada. As crianças da escola primária não podem conduzir, mas são membros do sistema de tráfego. Devem ser sensibilizadas para o seu ambiente de trânsito. O nível de educação para a condução oferecido ao nível da escola primária deve aguçar o apetite do aluno para a sua prossecução (perseguição) ao nível da escola secundária. A educação para a segurança dos condutores e do tráfego deve também ser oferecida em instituições pós-secundárias para formar educadores de condutores (6, 11 e 22). Os cidadãos etíopes devem também ser formalmente informados sobre o efeito das drogas e do álcool na capacidade de condução. Os níveis de ensino primário, secundário e superior devem incluir instruções sobre álcool e drogas nos seus currículos de educação para a saúde. Os benefícios a longo prazo desta estratégia irão certamente melhorar o desempenho futuro durante a condução, o que, por sua vez, reduzirá o número e a gravidade dos acidentes de viação nas auto-estradas da Etiópia.

1. **Educação para os peões:** Os peões devem ser educados sobre a utilização da estrada em todos os aspectos da sua vida. Os utentes da estrada e os peões devem aprender as regras e as leis da estrada para escapar aos acidentes rodoviários. Os utentes da estrada e os peões devem aprender a utilizar corretamente a estrada no nosso país.

> Devem aprender a deslocar-se nas vias pedonais e a ter consciência de que devem atravessar as estradas nas passagens para peões enquanto atravessam as estradas

> Devem olhar para a esquerda e para a direita antes de atravessar as estradas em qualquer ponto e devem ser educados

> Ensinar a não atravessar a estrada atrás de um veículo e a avisar a polícia em caso de acidente

> Educação para a polícia: A polícia tem de ser educada e formada para identificar os locais onde ocorrem os acidentes mais graves e o tipo de veículos que causam acidentes. A formação e a educação dos polícias de trânsito é a forma mais eficaz de reduzir os acidentes de trânsito nas estradas, uma vez que são eles os mais recentes nas ocorrências da situação.

A educação e a formação dos polícias de trânsito são essenciais para:

- Identificar os locais onde ocorrem mais acidentes
- Utilizar corretamente os equipamentos utilizados para identificar os principais causadores de acidentes nas estradas, como os radares, os semáforos que se ligam e desligam de acordo com a intensidade do tráfego, os sinais utilizados nas bermas das estradas
- Para os tornar suficientemente amadurecidos quanto ao mecanismo de controlo do tráfego e à forma de gerir o tráfego nas estradas
- Registar os dados que necessitam da técnica de emprego de dados de base utilizando sistemas BPR
- Registar os dados das zonas específicas e levá-las a tomar medidas que reduzam os acidentes de viação nas vias

3. **Formação e educação das crianças:** As crianças devem aprender a utilizar as estradas e a atravessar as estradas quando estão a utilizar as estradas. Atravessam as estradas onde não há zebras, andam na direção errada, etc., quando vão para a escola, para os mercados, jogam à bola, etc.

A sensibilização das crianças é essencial:

> Sensibilizá-los para a utilização das estradas

> Para treinar o grau de gravidade dos acidentes com veículos

> Os danos ocorridos e como cuidar de si próprio

4. **Formação e educação dos agricultores:** Os agricultores não sabem como atravessar as estradas

quando se dirigem para as suas terras agrícolas. Atravessam em qualquer sítio e expõem-se facilmente a acidentes devido à falta de sensibilização para a travessia e utilização da estrada. A formação ajuda o agricultor:

> Saber onde e quando atravessar as estradas

> Identificar a gravidade do acidente que afecta o seu gado e a si próprio

> Para controlar o seu gado e não o enviar para as bermas das estradas

5. **Educação dos comerciantes:** Uma vez que os comerciantes são os principais utilizadores de transportes para efectuarem as suas transacções comerciais a longas distâncias, devem saber como controlar os acidentes de trânsito e atravessar as estradas.

6. **Educação e formação dos** condutores: os condutores precisam de formação e educação sobre como utilizar as estradas e os limites de velocidade. A maioria dos acidentes ocorre devido à falta de formação dos condutores que conduzem para além do limite de velocidade recomendado. A maioria dos estudos indica que a limitação da velocidade reduz em 1% as mortes e os danos causados por acidentes. Ao conduzir nas estradas, os condutores não respeitam as regras e os regulamentos devido à falta de formação.

A formação e a educação dos condutores são úteis:

> Reduzir os acidentes mortais e sensibilizar os condutores

> Fazer com que os condutores identifiquem os locais onde devem acelerar e onde devem limitar a velocidade e indicar a gravidade dos acidentes à sociedade e a si próprios

> Indicar a degradação económica e as falhas dos acidentes de viação

> Ensiná-los a identificar os sinais das bermas das estradas

Dado que um grande número de condutores etíopes não sabe ler nem escrever **em inglês, os sinais de trânsito devem ser expressos em linguagem pictórica, em inglês** e noutras línguas locais, como o amárico, o orómico ou outras, para permitir a esses condutores operar
segurança nas suas localidades. Esta medida, se aplicada com cuidado e empenho, deverá melhorar o desempenho da condução em benefício dos condutores e não condutores de veículos.

Na identificação do problema, os condutores são a principal causa dos acidentes de viação no local de estudo, de acordo com o levantamento dos dados. É necessário dar-lhes educação para mudarem de atitude. Em geral, o organismo responsável deve controlar as seguintes áreas/factores principais no que diz respeito aos condutores.

1. **Idade dos condutores:** a idade dos condutores tem um efeito nas ocorrências de acidentes rodoviários. Os condutores com idades compreendidas entre 1 e 18 anos e os condutores com idades compreendidas entre 18 e 30 anos e entre 31 e 50 anos ou mais têm atitudes e concentração diferentes enquanto conduzem. Os condutores com idade até aos 18 anos são fracos de espírito e não compreendem o problema dos acidentes. O grupo etário dos 18 aos 30 anos pode cometer mais acidentes do que qualquer outro, porque está numa idade de fogo e é viciado em diferentes estimulantes (chat, álcool, cigarros, etc.). Quando a idade dos condutores ultrapassa os cinquenta anos, a visão enfraquece e têm dificuldade em identificar as coisas corretamente e com facilidade. Por isso, podem provocar acidentes. Por conseguinte, a autoridade responsável pelos transportes deve estabelecer regras para a concessão de licenças e confirmar a força dos condutores através de mecanismos de controlo. O facto de a idade do condutor ter passado significa que ele passa a ter problemas de audição e de visão.

2. **Experiência dos condutores:** outro fator que influencia os acidentes de viação é a experiência dos condutores. Os condutores experientes conduzem passando por desafios. Os condutores com menos experiência não devem conduzir durante quilómetros mais longos, porque podem adormecer ou ficar fracos durante o percurso e provocar acidentes.

3. **Nível da carta de condução:** o nível da carta de condução tem um efeito nos acidentes de viação, uma vez que o veículo que os condutores utilizam depende do nível da carta. Os condutores com 3rd e 2nd cartas de condução causam mais acidentes no local do estudo porque transportam camiões de carga pesada com capacidade de 11-100 quintais. Por conseguinte, o governo ou o organismo responsável deve controlar este tipo de acidentes de viação e seguir as regras. O sistema de licenciamento deve ser alterado, porque provoca acidentes nas estradas. O governo deve estabelecer regras de licenciamento que prevejam que a pessoa a quem vai ser concedida a licença deve cumprir os seguintes critérios

> Em bom estado de saúde (não deficiente, deficiente, cego, doente de longa duração)

> Maturidade da idade, se é ou não suficiente para conduzir um veículo

> Nível de escolaridade (considerando o nível técnico, a formação específica, etc.)

4. O género dos condutores: Na maioria das vezes, os géneros afectam os acidentes de viação em função do seu sistema de condução e atenção. Como se viu, a maioria dos acidentes ocorreu devido à falta de cuidado dos condutores do sexo masculino na fase de identificação do problema. Isto pode não corresponder à realidade, uma vez que os dados são estocasticamente diferentes e o número de mulheres com carta de condução é muito reduzido. Se avaliarmos em função do número de condutores habilitados, o resultado poderá ser diferente. De qualquer modo, há que prestar atenção a estes grupos ou géneros. É necessário efetuar um estudo e uma investigação aprofundados sobre estes grupos e realizar reuniões de motivação para sensibilizar os dois sexos. Alguns académicos afirmam que as mulheres se sentem como a família em causa e são cuidadosas.

5. Fadiga do condutor: A fadiga leva os condutores de camiões a adormecerem, a estarem desatentos, a avaliarem mal os espaços, a ignorarem os sinais de perigo iminente, a entrarem em pânico, a congelarem e a reagirem de forma insuficiente ou exagerada a uma situação. Embora a fadiga seja uma causa comum de acidentes com camiões, é também a mais evitável. Os condutores devem evitar a fadiga descansando o suficiente, pelo menos 8 horas de sono por dia. Os regulamentos federais (designados por "regras de horas de serviço") estabelecem regras para garantir que os condutores de camiões obtêm o descanso e o sono reparador necessários para conduzirem em segurança. Segundo estas regras, os condutores de camiões podem trabalhar um máximo de 14 horas por dia, durante as quais só podem conduzir um máximo de 11 horas. O condutor deve estar de folga durante 10 horas consecutivas antes do início de um turno. O condutor também não pode conduzir depois de ter estado de serviço durante 60 horas em sete dias consecutivos ou 70 horas em oito dias consecutivos.

6. Utilizador de drogas: Os condutores não podem consumir quaisquer substâncias controladas, exceto se prescritas por um médico licenciado que esteja familiarizado com o historial médico do condutor e com as funções que lhe foram atribuídas e que tenha determinado que o consumo de drogas não afectará negativamente a capacidade do condutor para conduzir com segurança um veículo automóvel comercial.

Os cidadãos etíopes devem ser formalmente informados sobre os efeitos das drogas e do álcool na capacidade de condução. O ensino a nível primário, secundário e terciário deve incluir instruções sobre álcool e drogas nos seus programas de educação sanitária. O benefício a longo prazo desta estratégia irá certamente melhorar o desempenho futuro durante a condução, o que, por sua vez, reduzirá o número e a gravidade dos acidentes de viação nas auto-estradas da Etiópia.

Dado que um grande número de condutores etíopes não sabe ler nem escrever em inglês, os sinais de trânsito devem ser expressos em linguagem pictórica, em inglês e noutras línguas locais, como o amárico, o orómico ou outras, para que esses condutores possam conduzir com segurança nas suas localidades. Esta medida, se aplicada com cuidado e empenho, deverá melhorar o desempenho da condução em benefício dos condutores e não condutores de veículos.

Os regulamentos federais devem:

- Testar o consumo de álcool e drogas dos seus condutores como condição de emprego, e
- Exigir a realização periódica de testes aleatórios aos condutores durante o serviço e após um acidente mortal.
- Os governos da Etiópia deveriam prestar mais atenção à manutenção das suas auto-estradas e estradas para uma utilização segura por parte dos automobilistas.
- O quadro atual dos acidentes de viação na Etiópia alerta para a necessidade urgente de introduzir a educação para a segurança dos condutores e do tráfego no sistema escolar etíope em geral.
- Os etíopes, especialmente os jovens, precisam deste tipo de educação para poderem conduzir em segurança os mais de 75 milhões de veículos registados (de passageiros e comerciais) nas estradas e auto-estradas da Etiópia. A introdução desta educação centrada na vida constituirá a estratégia mais poderosa para reduzir as armadilhas mortais nas auto-estradas da Etiópia. Os seus benefícios a longo prazo ultrapassam os de todas as outras medidas destinadas a reduzir (controlar) os problemas de tráfego no país.

7. Influência do telemóvel: Por vezes, os condutores tentam responder a uma chamada do telemóvel enquanto conduzem na estrada. Quando tentam responder à chamada, perdem a concentração na condução do veículo e podem perder o controlo do mesmo. Quando o condutor perde a concentração devido ao telemóvel, colide com o outro veículo ou com os peões. Isto resulta num acidente em Sevier, que afecta a vida de pessoas e animais. Por conseguinte, o telemóvel é estritamente proibido e os condutores, enquanto conduzem, devem desligar o telemóvel ou pedir ao seu ajudante/weyala para receber a mensagem, mesmo que o telemóvel seja necessário. Caso contrário, o condutor deve parar um pouco, falar e iniciar a sua viagem. A polícia governamental deve criar um mecanismo para resolver os problemas relacionados com a utilização do telemóvel pelos condutores.

8. 3.6 Construção de rotas alternativas para tipos de veículos

A rede rodoviária da região de Oromia é deficiente no que respeita à largura. As estradas são muito estreitas para a passagem de dois ou mais veículos ao mesmo tempo. Isto provoca acidentes com Sevier quando estes circulam em excesso de velocidade nestas vias estreitas. De acordo com o inquérito que efectuei, as estradas de Adis Abeba até à entrada de Hawassa eram muito más para permitir a passagem dos veículos necessários. Há utentes da estrada como animais, seres humanos e objectos imateriais, o que torna a estrada mais congestionada pelo tráfego. Por conseguinte, as estradas devem ser construídas de forma a servirem corretamente os veículos e os peões. As estradas devem ter uma passagem de linha larga que separe o meio, devem permitir a passagem de peões e devem ser construídas separadamente para os camiões de carga pesada e para os veículos de carga pequena, a fim de reduzir o congestionamento do tráfego. A construção de estradas para o tamanho e tipo de veículo é a melhor política para minimizar os acidentes num país. Os camiões ou veículos de carga pesada e média ou ligeira devem ter um itinerário separado, de modo a não se cruzarem com os outros itinerários. Apesar de se tratar de um planeamento ou estratégia a longo prazo, deve ser implementado pelo governo do país para resolver o problema dos acidentes nas estradas.

9. 3.7 Colocar uma pausa no meio das estradas

Colocar uma pausa no meio da estrada a uma distância recomendada para reduzir a alta velocidade do camião ou do veículo é a melhor estratégia para resolver os acidentes de trânsito na Etiópia. Passar a algumas centenas de quilómetros de distância e colocar um obstáculo ou uma inclinação na estrada, ou colocar a polícia de trânsito que controla a velocidade dos condutores utilizando um radar e que se esforça por ensinar num período de tempo mais curto, é a melhor estratégia, pois demora menos tempo. Por exemplo, a estrada de comboios de Meshuwalekiya reduz a velocidade dos veículos quando estes atravessam a zona. Isto permite que as pessoas que atravessam a estrada passem antes de o veículo se aproximar delas.

10 3.8 Sensibilização para a segurança no planeamento de redes rodoviárias

O quadro para a gestão sistémica da segurança rodoviária no nosso país deve ser cada vez mais definido pelas seguintes actividades no planeamento a longo prazo do governo.

> Classificar a rede rodoviária de acordo com as suas funções rodoviárias primárias;

> Estabelecer limites de velocidade adequados de acordo com essas funções rodoviárias;

> Melhorar o traçado e a conceção das estradas para incentivar uma melhor utilização.

Estas abordagens podem, em princípio, ser adaptadas aos contextos dos países de rendimento médio e baixo. No âmbito destes princípios gerais, a engenharia de segurança e a gestão do tráfego devem ter como objetivo

> Impedir uma utilização da estrada que não corresponda às funções para as quais foi concebida;

> Gerir a mistura de tráfego através da separação dos diferentes tipos de utentes da estrada, de modo a eliminar os movimentos conflituosos dos utentes da estrada, exceto a baixas velocidades;

> Evitar a incerteza entre os utentes da estrada quanto à utilização adequada da estrada.

Existe um grande conjunto de conhecimentos para apoiar a utilização de uma abordagem de sensibilização para a segurança no planeamento rodoviário e está disponível sob a forma de normas de conceção e de orientações e manuais de melhores práticas.

A Etiópia deveria seguir a experiência da política neerlandesa de segurança sustentável, que consiste em dividir as estradas num dos três tipos, de acordo com a sua função, e fixar os limites de velocidade em conformidade (*26*):

1. **Estradas de fluxo** (ou estradas de passagem): Nestas estradas, o tráfego de passagem vai do local de partida para o local de destino sem interrupção. Não são permitidas velocidades superiores a 100-120 km/h e existe uma separação completa das correntes de tráfego.

2. **Estradas distribuidoras**: Estas estradas permitem aos utilizadores entrar ou sair de uma zona. As necessidades do tráfego em movimento continuam a ser predominantes. As estradas de distribuição local transportam o tráfego de e para grandes distritos urbanos, aldeias e áreas rurais, e têm intercâmbios de tráfego em secções limitadas. Estas estradas dão igual importância ao tráfego local motorizado e não motorizado, mas separam os utilizadores sempre que possível. A velocidade nas estradas de distribuição não deve exceder 50 km/h nas zonas urbanas ou 80 km/h nas zonas rurais. Devem existir caminhos separados para peões e ciclistas, vias com duas faixas de rodagem com separação de fluxos ao longo de toda a extensão, controlos de velocidade nos principais cruzamentos e direito de passagem.

3. **Estradas de acesso residencial**: Estas estradas são normalmente utilizadas para chegar a uma

habitação, loja ou empresa. As necessidades dos utilizadores não motorizados são predominantes. O acesso e o intercâmbio de tráfego são constantes e a grande maioria das estradas é deste tipo. Nas estradas de acesso residencial das cidades e aldeias, não são permitidas velocidades superiores a 30 km/h. Nas zonas rurais, não são permitidas velocidades superiores a 40 km/h nos cruzamentos e entradas - caso contrário, 60 km/h podem ser aceitáveis. Quando uma estrada desempenha uma mistura de funções, a velocidade adequada é normalmente a mais baixa das velocidades apropriadas para as funções individuais entre a mobilidade dos utilizadores de veículos motorizados, por um lado, e a segurança dos peões e ciclistas, por outro. A maioria dos atropelamentos de peões ocorre a menos de uma milha (1,6 km) da residência ou do local de trabalho da vítima (*11, 27, 28, 37*).

A classificação funcional das estradas - sob a forma de uma "hierarquia rodoviária", como é conhecida na engenharia rodoviária - é importante para proporcionar vias mais seguras e projectos mais seguros. Esta classificação tem em conta a utilização do solo, a localização dos locais de acidente, os fluxos de veículos e peões e objectivos como o controlo da velocidade.

5.3.9 Incentivos aos comboios

O comboio da Etiópia, que liga Adis Abeba a Djibuti, é o principal sistema de transporte capaz de reduzir os acidentes de viação e de transportar um grande número de pessoas de um lugar para outro. Mas o que é surpreendente é que o comboio não está a prestar serviços no nosso país alguns anos mais tarde. A capacidade de transporte do comboio em muitos reboques é máxima. O comboio etíope interrompeu o seu serviço de transporte desde 1887 E.C. A razão pela qual interrompeu o seu serviço normal deveu-se à falta de segurança das estradas e ao ataque de diferentes rebeliões durante a viagem. O outro problema que impede o comboio de prestar serviço na Etiópia é o facto de a infraestrutura rodoviária não ter sido mantida e construída. O Governo deve tomar medidas drásticas e redefinir o princípio de funcionamento dos comboios ao longo das novas estradas com comboios altamente motorizados. Uma vez instalados, os comboios minimizam os acidentes que ocorrem nestas rotas, prestando um melhor serviço com as actuais introduções de comboios tecnológicos. Esta deve ser uma estratégia de curto prazo para o governo resolver o problema dos acidentes rodoviários no nosso país.

5.4. Estratégias a curto prazo

5.4.1. Proporcionar percursos mais curtos e mais seguros

Os trajectos mais curtos e mais seguros desempenham um papel importante na minimização da velocidade dos condutores. Numa rede rodoviária eficiente, a exposição ao risco de acidente pode ser minimizada garantindo que as viagens são curtas e os percursos diretos, e que os percursos mais rápidos são também os mais seguros. As técnicas de gestão dos itinerários podem atingir estes objectivos diminuindo os tempos de viagem nos itinerários desejados, aumentando os tempos de viagem nos itinerários indesejados e redireccionando o tráfego (*14*). Existe assim um forte incentivo para encontrar o itinerário mais fácil e mais direto. Com efeito, os estudos demonstraram que os peões e os ciclistas valorizam mais o tempo de viagem do que os condutores ou os utilizadores de transportes públicos - uma constatação que deve refletir-se nas decisões de planeamento (*11, 18, 19*). É provável que os atravessamentos seguros para peões e ciclistas não sejam utilizados se for necessário subir muitos degraus, se implicarem longos desvios ou se os atravessamentos forem mal iluminados ou as passagens inferiores mal conservadas.

5.4.2 . Medidas de redução das deslocações

Estudos realizados em países de elevado rendimento estimam que, em determinadas condições, por cada redução de 1% na distância percorrida pelos veículos a motor, há uma redução correspondente de 1,4-1,8% na incidência de acidentes (*7, 23 e 24*). As medidas que podem reduzir a distância percorrida incluem:

- Maior utilização de meios electrónicos de comunicação em substituição da entrega de comunicações por via rodoviária;
- Incentivar mais pessoas a trabalhar a partir de casa, utilizando o correio eletrónico para comunicar com o seu local de trabalho;
- Melhor gestão dos transportes colectivos e dos transportes de e para as escolas e colégios;
- Melhor gestão do transporte turístico e proibição do transporte de mercadorias.
- Reduzir o percurso das estradas de maior distância para 100 km para os miniautocarros, táxis, etc. e restrições ao estacionamento de veículos e à utilização das estradas
- Fornecer informações aos condutores sobre o caminho que estão a percorrer, qual a face

5.4.3 Minimizar a exposição a riscos elevados Restringir o acesso à rede rodoviária

Impedir o acesso de peões e ciclistas às auto-estradas e impedir a entrada de veículos motorizados nas zonas pedonais são duas medidas bem estabelecidas para minimizar o contacto entre o tráfego de alta velocidade e os utentes desprotegidos da estrada. Uma vez que os veículos são fisicamente impedidos de entrar nelas, as zonas pedonais são mais seguras para as deslocações a pé e também - quando existe uma utilização partilhada - para as deslocações de bicicleta. As auto-estradas têm as taxas de acidentes mais baixas, em termos de distância percorrida, de toda a rede rodoviária, em virtude da sua utilização exclusiva por veículos a motor e da utilização de uma separação clara do tráfego e de cruzamentos segregados.

Utilização de bermas separadas para veículos como carroças e bicicletas para reduzir a exposição ao risco das estradas no percurso do estudo.

5.4.4 . Atribuição de prioridade na rede rodoviária a veículos de maior ocupação

Dar prioridade no trânsito aos veículos com muitos ocupantes em relação aos veículos com poucos ocupantes é uma forma de reduzir a distância total percorrida pelo transporte motorizado privado - e, consequentemente, de reduzir a exposição ao risco. Esta estratégia é adoptada por muitas cidades em todo o mundo. Dar prioridade à maioria dos ocupantes do veículo é o mecanismo mais essencial para reduzir os acidentes rodoviários. Uma vez estabelecida a prioridade, a probabilidade de colisão é minimizada. Nesta atividade, o governo deve fazer cumprir a lei.

5.4.5. Conhecer modos de transporte mais seguros

A compreensão dos melhores modos de transporte terrestre ou rodoviário é uma das estratégias comuns para reduzir os acidentes de viação neste local de estudo. Os pormenores que se seguem são muito imitativos dos modos de transporte.

Incentivar a utilização de modos de deslocação mais seguros

Quer seja medido pelo tempo passado a viajar ou pelo número de viagens, viajar de autocarro e comboio é muitas vezes mais seguro do que qualquer outro modo de transporte rodoviário. As políticas que estimulam a utilização dos transportes públicos e a sua combinação com as deslocações a pé e de bicicleta devem, por conseguinte, ser incentivadas. Embora as deslocações a pé e de bicicleta apresentem riscos relativamente elevados, os peões e os ciclistas criam menos riscos para os outros utentes da estrada do que os veículos a motor (*7, 8 e 11*). No entanto, através da aplicação de medidas de segurança conhecidas, deverá ser possível conseguir um aumento das formas mais saudáveis de deslocação, como as deslocações a pé e de bicicleta, e, ao mesmo tempo, reduzir a incidência de mortes e lesões entre peões e ciclistas. Estes são objectivos que estão a ser cada vez mais adoptados nas políticas nacionais de transportes dos países de elevado rendimento (*18*).

As estratégias que podem aumentar a utilização dos transportes públicos incluem:

- melhoria dos sistemas de transporte coletivo (incluindo a melhoria dos itinerários percorridos e dos procedimentos de emissão de bilhetes, a redução das distâncias entre paragens e o aumento do conforto e da segurança, tanto do veículo como das zonas de espera);
- melhor coordenação entre os diferentes modos de deslocação (incluindo a coordenação dos horários e a harmonização dos regimes tarifários); abrigos seguros para bicicletas;
- permitir o transporte de bicicletas a bordo de comboios, ferries e autocarros;
- instalações de "park and ride", onde os utilizadores podem estacionar os seus automóveis perto de paragens de transportes públicos;

Aumento dos impostos sobre os combustíveis e outras reformas tarifárias que desencorajem a utilização do automóvel particular em favor dos transportes públicos e da melhoria dos serviços de táxi;

Os incentivos financeiros revelaram-se bem sucedidos em alguns países altamente motorizados; por exemplo, nos Países Baixos, um passe gratuito de transportes públicos para estudantes resultou numa menor utilização do automóvel (*25*).

No entanto, em muitos países de baixo rendimento, os serviços de transportes públicos funcionam frequentemente sem regulamentação e criam níveis inaceitáveis de risco, tanto para os seus ocupantes como para as pessoas fora do veículo. Estes riscos resultam de veículos sobrecarregados, longos horários de trabalho dos condutores, excesso de velocidade e outros comportamentos perigosos. No entanto, um sistema de transportes públicos melhorado, com regulamentação e controlo adequados, combinado com a utilização de veículos não motorizados transportes - andar de bicicleta e a pé pode desempenhar um papel importante nos países de baixo e médio rendimento como resposta à crescente procura de transportes e acessibilidade. Apesar dos riscos de lesão geralmente mais baixos associados aos transportes públicos, é ainda necessário efetuar mais investigação sobre a eficácia das estratégias de transporte público na redução da incidência de lesões causadas pelo tráfego rodoviário.

5.4.6 Utilização de técnicas de redução da velocidade

A. Método das lombas: uma intervenção de baixo custo para a segurança rodoviária (caso do Gana)

A segurança rodoviária é um problema grave no Gana, onde as taxas de mortalidade são cerca de 30 a 40 vezes superiores às dos países industrializados. As velocidades excessivas dos veículos que prevalecem nas auto-estradas interurbanas do país e nas estradas das zonas urbanas têm-se revelado um fator contributivo fundamental para os acidentes de viação graves (*29, 35*). Nos últimos anos, foram instaladas lombas em alguns locais propensos a acidentes nas auto-estradas, a fim de reduzir a velocidade dos veículos e melhorar o ambiente de tráfego para outros utentes da estrada, incluindo peões e ciclistas, nas zonas urbanizadas. Estas lombas causam desconforto quando os veículos passam por cima delas a velocidades mais elevadas; com os seus veículos levantados do chão e com o ruído resultante, os condutores são forçados a reduzir a sua velocidade. Isto, por sua vez, diminui a energia cinética do veículo que pode causar ferimentos e mortes no impacto, e dá aos condutores um aviso mais longo de possíveis colisões, diminuindo a probabilidade de acidentes rodoviários.

A utilização de lombas, sob a forma de faixas de proteção (revestimento do pavimento) e lombas, tem-se revelado eficaz nas estradas ganesas. As lombas de controlo de velocidade tornaram-se cada vez mais comuns nas estradas ganesas, particularmente em áreas construídas onde as velocidades excessivas dos veículos ameaçam os outros utentes da estrada. Uma vasta gama de materiais - incluindo borracha vulcanizada, materiais termoplásticos quentes, misturas betuminosas, betão e tijolos - tem sido utilizada na construção das zonas de controlo da velocidade. A sua aplicação é pouco dispendiosa num curto período de tempo.

O nosso país deveria também aplicar o para-choques ganês para reduzir a velocidade dos condutores nas estradas rurais e urbanas, onde o congestionamento de acidentes de viação é elevado. E também onde a velocidade dos veículos a motor é elevada numa distância maior. O para-choques, ao reduzir a velocidade, ajuda os peões a atravessar facilmente as estradas antes de o veículo os alcançar. Isto reduz a ocorrência de acidentes nos trajectos.

B. Medidas de acalmia de tráfego: A velocidades inferiores a 30 km/h, os peões podem coexistir com os veículos a motor em relativa segurança. A gestão da velocidade e a acalmia do tráfego incluem técnicas como o desencorajamento do tráfego de entrar em determinadas áreas e a instalação de medidas físicas de redução da velocidade, como rotundas, estreitamento de estradas, chicanas e lombas. Estas medidas são frequentemente apoiadas por limites de velocidade de 30 km/h, mas podem ser concebidas para atingir vários níveis de velocidade adequada

C. Utilização de ferramentas de medição da velocidade

>. **Aparelho eletrónico de cronometragem**: permite medir a velocidade numa distância muito curta. O método de funcionamento consiste em totalizar, em contadores de décadas, o número de impulsos recebidos de osciladores de cristal durante a passagem da roda dianteira do veículo por dois tubos pneumáticos.

>. **Medidor de velocidade por radar e instrumentos ópticos**: transmite ondas electromagnéticas de alta frequência num feixe estreito em direção a um veículo selecionado; e as ondas reflectidas, cujo comprimento é alterado em função da velocidade do veículo, são devolvidas a uma unidade recetora calibrada para registar diretamente a velocidade no local. Os radares existentes no nosso país são apenas três e mesmo esses não estão a funcionar bem. Por conseguinte, o governo deveria introduzir novos radares que nos ajudassem a controlar a velocidade dos veículos dentro dos limites. Quando o radar for introduzido no país, deve ter peças sobressalentes e uma pessoa que o opere corretamente.

> . **Expansão do sistema de câmaras de controlo:** Expansão dos radares de controlo do tráfego para verificar o excesso de velocidade em zonas onde o risco de acidente é elevado. Por exemplo, para medir o efeito da utilização alargada de câmaras de vigilância na Coreia, o número de acidentes e de mortes nestes locais de alto risco foi comparado antes e depois da instalação de câmaras de vigilância durante um período de 12 meses. O efeito foi uma redução de 60% dos acidentes de viação num raio de 1 km da polícia. É possível que os efeitos das câmaras de vigilância desapareçam quando os condutores se adaptarem totalmente a evitar a acusação de infração e que o efeito inicial de redução dos acidentes e das mortes diminua com o tempo (13, 16). Estas experiências também nos ajudam a reduzir os acidentes de viação. A utilização de um sistema de câmaras de vigilância, apesar de dispendioso, poderia ser planeada a longo prazo. Poderá ser feito um planeamento a longo prazo para introduzir estes métodos de mecanismo de controlo.

>. **Fotografia de lapso de tempo, vídeo e gravadores de caneta**: utiliza uma câmara para registar um movimento, selecionando-o ao longo da distância que percorreu num curto período de tempo.

Para limitar a velocidade dos veículos, deve ser adoptada a seguinte regra

> Um sinal de limite de velocidade (30 km/h) deve ser colocado no início da cidade, antes de 100-150 metros.

- O velocímetro deve ser verificado, quer esteja a funcionar corretamente ou não
- Os radares devem ser utilizados nas vias por polícias de trânsito altamente qualificados para controlar a velocidade dos condutores e identificar os condutores em excesso de velocidade para lhes dar um conselho, punindo-os se necessário.
- Deve ser dada formação aos condutores relativamente à velocidade dos veículos
- Devem ser colocadas 1 a 2 faixas de sinalização antes da entrada na cidade para avisar os condutores imprudentes.
- O estacionamento na berma da estrada deve ser proibido e deve ser previsto o estacionamento fora de estrada para camiões pesados.
- As passadeiras para peões devem ser marcadas com um intervalo de 50-70 metros.
- Antes da passadeira, devem ser colocados 1-2 conjuntos de faixas de proteção contra o ruído.
- Deve ser exigido um controlo rigoroso da polícia de trânsito durante o **dia**, porque mais de **64,93%** dos acidentes registados ocorreram durante este período. Deve ser dada especial atenção às quartas-feiras e aos sábados no controlo do tráfego.
- No que respeita aos problemas de disciplina da faixa de rodagem, ultrapassagens indevidas e afins, a repintura da estrada deve ser objeto de grande atenção.

5.4.7. Envolvimento do Governo

1. **Aplicação da lei sobre as condições do tráfego rodoviário:** O governo deve ser rigoroso no que diz respeito ao mecanismo de controlo do tráfego, nomeadamente no que se refere ao licenciamento, à educação, etc., aplicando algumas regras que controlem os condutores e os peões.

2. **Estabelecimento e aplicação de limites de velocidade:** O estabelecimento de limites de velocidade rodoviária está estreitamente associado à função e conceção da estrada, como já foi referido. As medidas físicas relacionadas com a estrada e o veículo, bem como a aplicação da lei pela polícia, contribuem para assegurar o cumprimento dos limites máximos de velocidade afixados e para a escolha de uma velocidade adequada às condições existentes.

A. Controlo da velocidade nas estradas rurais: Uma meta-análise do controlo da velocidade nas estradas rurais, quer através de radares ou de instrumentos que medem a velocidade média dos veículos entre dois pontos fixos, quer através do controlo estacionário da velocidade - em que agentes da polícia uniformizados e carros da polícia vão aos pontos de paragem dos veículos - concluiu que as duas estratégias combinadas reduziram os acidentes mortais em 14% e os acidentes com feridos em 6%. O controlo estacionário da velocidade, por si só, reduziu os acidentes mortais e com feridos em 6% (*10, 22*). O controlo da velocidade nos itinerários rurais reduz os acidentes no nosso país, especialmente no itinerário em estudo, uma vez que a velocidade de qualquer veículo é demasiado elevada.

B. Radares de trânsito: O controlo automático da velocidade, por exemplo, através de radares de velocidade, é atualmente utilizado em muitos países. A experiência de uma série de países de elevado rendimento indica que os radares de velocidade que registam provas fotográficas de uma infração por excesso de velocidade, admissíveis em tribunal, são um meio altamente eficaz de controlo da velocidade. A utilização bem publicitada deste tipo de equipamento em locais onde os limites de velocidade não são geralmente respeitados e onde o risco consequente de acidente é elevado conduziu a reduções substanciais dos acidentes (22). No nosso país, os radares de controlo da velocidade são muito importantes, uma vez que existem muitos locais onde os limites de velocidade não são geralmente respeitados e para tomar medidas contra os autores de acidentes.

3. **Estabelecer e fazer cumprir as leis relativas à alcoolemia:** Apesar dos progressos alcançados em muitos países na redução da condução sob o efeito do álcool, este continua a ser um fator significativo e generalizado nos acidentes rodoviários. A literatura científica e os programadores nacionais de segurança rodoviária concordam que é necessário um pacote de medidas eficazes para reduzir os acidentes e lesões relacionados com o álcool.

A. Limites de concentração de álcool no sangue: O elemento básico de qualquer pacote destinado a reduzir a alcoolemia dos utentes da estrada é o estabelecimento de um limite legal de TAS (concentração de álcool no sangue). Os limites obrigatórios de alcoolemia constituem um meio objetivo e simples de detetar a presença de álcool (*7,22*). Além disso, o nível de TAS dá orientações claras aos condutores sobre práticas de condução seguras. Atualmente, os limites máximos de 0,05 g/dl para a população em geral e de 0,02 g/dl para os jovens condutores e os motociclistas são geralmente considerados como a melhor prática.

B. Limites de concentração de álcool no sangue para a população em geral que conduz: O risco de envolvimento em acidentes começa a aumentar significativamente a partir de níveis de TAS de 0,04 g/dl (*14*). O limite mais comum nos países de rendimento elevado é de 0,05 g/dl; um limite legal de 0,10 g/dl corresponde a um aumento de três vezes, e um limite de 0,08 g/dl a um aumento de duas vezes, no risco de envolvimento em acidentes em relação ao permitido por um limite de 0,05 g/dl.

C. Limites mais baixos de concentração de álcool no sangue para condutores jovens ou inexperientes: O risco de acidente para os jovens adultos inexperientes começa a aumentar substancialmente com níveis de TAS inferiores aos dos condutores mais velhos e mais experientes. Uma análise dos estudos publicados concluiu que as leis que estabelecem um limite inferior de TAS - entre zero e 0,02 g/dl - para os condutores jovens ou inexperientes podem conduzir a reduções nos acidentes entre 4% e 24% (*7, 22*). Se os condutores não beberem, os acidentes diminuirão. Por isso, o governo deve impor uma lei aos condutores.

D. Desincentivar os infractores com excesso de álcool: Na maioria dos países, o nível de aplicação da legislação relativa à condução sob o efeito do álcool tem um efeito direto na incidência de casos de condução sob o efeito do álcool (*14*). Aumentar a perceção dos condutores do risco de serem detectados é o meio mais eficaz de dissuadir o consumo de álcool e a condução.

Os poderes da polícia variam consoante os países e incluem os seguintes:

> parar os condutores manifestamente embriagados; parar os condutores em bloqueios de estrada ou em pontos de controlo de sobriedade e testar apenas os suspeitos de estarem embriagados;

> Paragem aleatória dos condutores e realização de testes a todos os que são parados

> As seguintes componentes foram identificadas como sendo centrais para o êxito das operações policiais de controlo para dissuadir (desencorajar) os condutores que bebem;

1. Uma percentagem elevada de pessoas testadas (pelo menos um em cada dez condutores todos os anos, mas, se possível, um em cada três condutores, como acontece na Finlândia).
2. Um controlo imprevisível em termos de tempo e de lugar, efectuado de forma a assegurar uma ampla cobertura de toda a rede rodoviária e a dificultar a evasão dos condutores aos pontos de controlo.
3. Operações policiais de grande visibilidade. Para os condutores que bebem e que são apanhados, pode ser oferecido tratamento corretivo como alternativa às sanções tradicionais, para reduzir a probabilidade de reincidência.

E. Sanções para os infractores por excesso de álcool/ ferir a sensibilidade de algumas pessoas: Em vários países, as infracções por condução sob o efeito do álcool são punidas com penas de prisão. No entanto, de acordo com a investigação, na ausência de uma aplicação efectiva, essa pena não tem, em geral, conseguido dissuadir os condutores que bebem ou reduzir a taxa de reincidência. Se os condutores tiverem a perceção de que a probabilidade de serem detectados e punidos é baixa, então o efeito da sanção, mesmo que severa, será provavelmente pequeno. De qualquer modo, os estudos sugerem que a inibição do direito de conduzir após a reprovação no teste de alcoolemia ou a recusa de o fazer pode dissuadir os condutores que bebem - provavelmente devido à rapidez (rapidez) e certeza da punição (*3,22)*.

4. Estabelecer e fazer cumprir o uso do cinto de segurança: O uso obrigatório do cinto de segurança tem sido uma das histórias de maior sucesso na prevenção de acidentes rodoviários e salvou muitas vidas. Os sistemas de retenção dos ocupantes começaram a ser instalados nos automóveis no final da década de 1960 e a primeira lei sobre a sua utilização obrigatória foi aprovada em Victoria, na Austrália, em 1971. No final desse ano, o número anual de mortes de ocupantes de automóveis em Victoria tinha diminuído 18% e, em 1975, 26% (, 3, 7, 10, 11 e 22). Na sequência da experiência de Victoria, muitos países introduziram também leis relativas aos cintos de segurança, que permitiram salvar centenas de milhares de vidas em todo o mundo.

É verdade que o nosso país deve aplicar o cinto de segurança por lei para proteger muitas vidas de ferimentos e reduzir o número de acidentes ocorridos com veículos.

5.4.8. Seguro e aplicação médica pelo governo

Uma vez ocorrido o acontecimento, o seguro e a organização médica devem assumir os danos partilhando-os como terceiros. Os hospitais médicos devem dar o máximo de tratamento possível para a pessoa ferida para reduzir a taxa de mortalidade e dor. Os hospitais são responsáveis por minimizar as mortes causadas por acidentes de viação, prestando todos os tratamentos possíveis.

As companhias de seguros também oferecem seguro ao veículo danificado ou à pessoa ferida depois de avaliarem a causa do problema para as pessoas que têm a apólice de seguro em mãos. Este é um método para reduzir o risco quando este ocorre, dando-o a terceiros ou a terceiros. A condição de seguro não deve apenas pagar o pagamento necessário para o acidente, mas deve encontrar alternativas preventivas para que não ocorra este tipo de acidentes novamente.

5.4.9. Controlo das condições ambientais

As condições ambientais são as estradas ligeiras, poeirentas, lamacentas, ventosas, chuvosas, etc. Os tipos de ambiente devem ser aplicados pelo governo para controlar os condutores nestes períodos difíceis.

I. Condições de iluminação: O governo tem de adotar uma lei que controle os condutores que não possuam faróis e luzes traseiras no veículo. O Governo também deve impor um limite ao tempo de condução durante um período específico do dia, através de subsídios federais de condução em tempo normal.

Luzes de circulação diurna para automóveis

A expressão "luzes de circulação diurna" designa a utilização de luzes (polivalentes ou especialmente concebidas) na parte da frente de um veículo enquanto este circula durante o dia, de modo a aumentar a sua visibilidade. Alguns países - incluindo a Áustria, o Canadá, a Hungria, os países nórdicos e alguns estados dos Estados Unidos - exigem atualmente, por lei, níveis variáveis de utilização das luzes de circulação diurna (*22*). Isto pode implicar que os condutores liguem os faróis ou que sejam instalados interruptores ou lâmpadas especiais nos veículos. Duas meta-análises dos efeitos das luzes de circulação diurna nos automóveis mostram que a medida contribui substancialmente para reduzir os acidentes rodoviários. O primeiro estudo, que examinou os acidentes diurnos com mais de um interveniente, constatou uma redução do número de acidentes de cerca de 13% com a utilização de luzes diurnas e uma redução de 8% a 15% na sequência da introdução de leis obrigatórias sobre a utilização diurna (*22*). O número de peões e ciclistas atropelados foi reduzido em 15% e 10%, respetivamente. O segundo estudo constatou uma redução de pouco mais de 12% dos acidentes diurnos com mais de um interveniente, uma diminuição de 20% das vítimas feridas e uma redução de 25% das mortes nesses acidentes (*30*). Se utilizarmos a luz diurna, poderemos também reduzir a taxa de acidentes.

II. Estradas lamacentas, poeirentas e molhadas: Quando estas condições são muito frequentes, o governo deve intervir nestas condições para controlar o problema dos condutores. Se as estradas estão a ficar desgastadas e se tornam a razão para a formação de poeira, formação de lama, o governo deve tomar medidas severas para reduzir a taxa de acidentes mais ocorridos em todas as rotas. Estes mecanismos de controlo dos problemas das estradas resultarão em acidentes mais seguros e minimizados nas estradas devido a acidentes de viação.

5.5 Gestão e controlo do tráfego

A gestão do tráfego surgiu da necessidade de maximizar a capacidade das redes rodoviárias existentes com um orçamento limitado e, por conseguinte, com um mínimo de novas construções.

Os métodos, que podem ser vistos como uma solução rápida, exigem soluções inovadoras e novos desenvolvimentos técnicos. A introdução de passagens para peões controladas por sinais não só melhorou a segurança dos peões em estradas movimentadas, como também melhorou a capacidade de tráfego da estrada ao não permitir que os peões demonstrem o ponto de passagem.

1. Gestão da procura: A procura de tráfego e o congestionamento aumentaram, os condutores encontraram rotas alternativas. A segurança da rota foi comprometida, uma vez que os condutores viajam a alta velocidade para maximizar o benefício de se desviarem da sua rota normal. Na maioria dos países, o perfil do fluxo de tráfego diário é semelhante.

À medida que os atrasos aumentam, os condutores apercebem-se de que há capacidade disponível noutras horas para chegarem e partirem dos seus locais de trabalho antes e depois das horas de ponta. O efeito desta situação é que os picos duram mais tempo, o que se designa por dispersão de picos.

Por conseguinte, o governo deve ter em consideração e optar por uma mudança e aplicação da lei que seja forte e viável no país, contribuindo para a redução dos acidentes rodoviários.

2. Tipo de cruzamento: A maioria dos problemas de capacidade ocorre no nó rodoviário. Devido às várias exigências contraditórias, não é surpreendente que dois terços dos acidentes de viação ocorram no nó rodoviário.

1. Cruzamentos não prioritários não controlados
2. Cruzamentos prioritários
3. Rotunda
4. Sinal de trânsito
5. Separação de nível

Na figura 5.2 tenta-se ver a maioria das medidas preventivas e de combate, identificando-as em estratégias a longo e a curto prazo. A maioria dos métodos concentra-se na velocidade dos condutores, nos utentes da estrada, nas estradas e na gestão da segurança pelo governo. A manutenção das estradas, que são velhas e difíceis para o viajante e, por sua vez, causam acidentes.

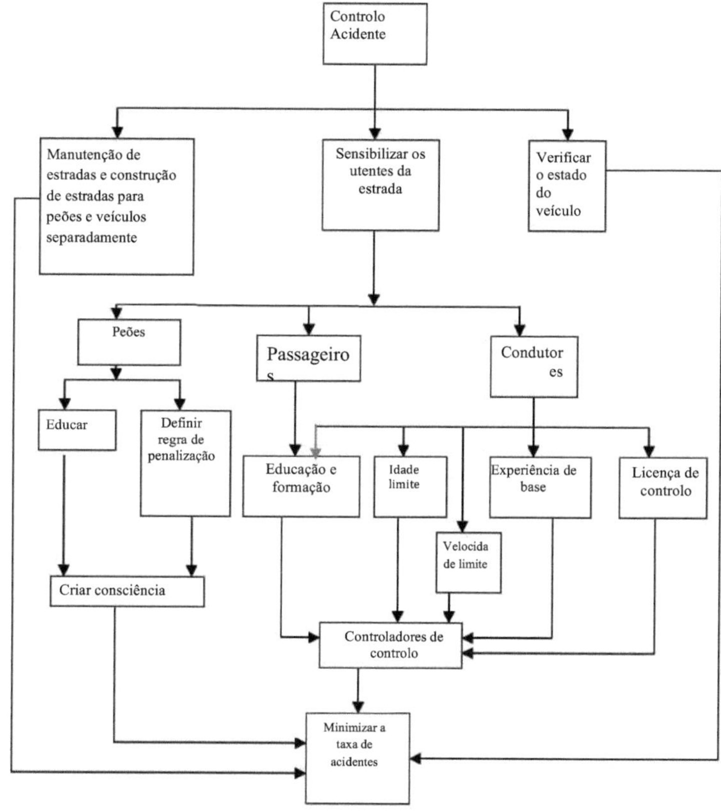

Origem: O autor da tese

Figura 5.2: Estratégia preventiva da gravidade dos acidentes

A construção de estradas separadas e alternativas para peões e veículos é também um dos princípios de resolução de problemas e de gestão de acidentes.

A outra forma essencial de gerir os acidentes rodoviários é a sensibilização dos utentes da estrada , como peões, passageiros e condutores. Educar os peões para saberem que tipos de meios de transporte estão segurados e são seguros para que tipo de distância? Os peões também devem aprender a reduzir a velocidade quando os condutores conduzem em excesso de velocidade, avisando-os. Por outro lado, os condutores devem estar muito atentos para reduzir os acidentes aterrorizantes no país e no itinerário de estudo.

Os condutores devem ser licenciados com base na sua formação académica, devem conduzir em distâncias curtas, médias e longas com base na sua experiência, ou seja, os mais experientes devem ser autorizados a conduzir em locais com grande congestionamento de tráfego e em percursos mais longos, uma vez que controlam a sua velocidade e não são viciados em estimulantes. Os condutores também devem ser educados e formados periodicamente para os sensibilizar para a gravidade dos acidentes rodoviários. Os peões também devem ser educados e formados a nível escolar. Devem ser estabelecidas regras que controlem os peões para que estes respeitem as regras de atravessamento das estradas e devem ser aplicadas sanções aos peões que sejam acusados de atravessar ilegalmente a estrada.

Finalmente, o controlo e a gestão de todas as possíveis causas de acidentes graves mencionadas no modelo limitarão a gravidade dos acidentes e reduzirão a sua ocorrência aleatória.

Decisores políticos de prevenção de lesões na **estrada**: as seguintes partes são muito necessárias para prevenir as lesões na estrada. São eles:

- Organismos governamentais e legislativos, tais como os sectores dos transportes, público, saúde, educação, justiça e finanças
- Indústrias
- Grupos de interesses especiais das ONG
- Incorporação da polícia e dos meios de comunicação social com os utilizadores ou cidadãos
- Estes organismos, no seu conjunto, poderão contribuir para a redução dos acidentes rodoviários se forem unidos e trabalharem em conjunto, criando uma excelente política de prevenção dos acidentes rodoviários.

5.6. Resumo das medidas e estratégias de combate

A unidade aborda as estratégias preventivas mais comuns, como as estratégias preventivas a curto e a longo prazo, para provocar uma mudança de comportamento em relação às lesões causadas pelo tráfego rodoviário.

As estratégias preventivas a longo prazo são:

- Gerir a exposição ao risco
- Reduzir a ocorrência de acidentes
- Reforço do controlo de sete comportamentos de risco ao volante
- Sistema de recompensa financeira para provas de infração de trânsito
- Introduzir a educação para a segurança rodoviária no sistema escolar
- Fazer com que os "condutores" identifiquem corretamente as coisas
- Construção de percursos alternativos para tipos de veículos
- Pôr uma pausa no meio das estradas
- Sensibilização para a segurança no planeamento de redes rodoviárias
- Comboios Incentivos

As estratégias de curto prazo utilizadas nesta unidade são:

- Proporcionar percursos mais curtos e mais seguros
- Medidas de redução de viagens
- Minimizar a exposição a riscos elevados Restringir o acesso à rede rodoviária
- Dar prioridade na rede rodoviária aos veículos de maior lotação
- Conhecer modos de transporte mais seguros
- Utilização de técnicas de redução da velocidade
- Envolvimentos governamentais
- Seguro e aplicação médica pelo governo
- Controlo das condições ambientais

A redução da exposição ao risco, a educação de todos os utentes da estrada, a aplicação da lei pelo governo, as responsabilidades individuais e a redução e minimização da velocidade dos condutores são consideradas como os intervenientes vitais para reduzir a situação alarmante dos acidentes no local de estudo e, em geral, no país, a Etiópia. As partes responsáveis pela redução dos acidentes foram sugeridas e discutidas no debate.

De um modo geral, as estratégias de curto e longo prazo e as medidas de combate são fundamentais para ultrapassar o alarmante número de acidentes rodoviários, que se prevê que venha a ser o terceiro no mundo, quando comparado com outras doenças mortais.

Conclusão e recomendação

Conclusão

Em conclusão e de um modo geral, tal como a análise e a interpretação acima referidas mostraram nas rotas de Oromia, na Etiópia os acidentes de viação não são atenuados de uma vez por todas. É necessária uma avaliação contínua, efectuada periodicamente por outros investigadores, à medida que a fase do sistema de transportes e os planos diretores das cidades vão sendo melhorados. Por conseguinte, o estudo tem de ser efectuado periodicamente, à medida que o sistema de urbanização muda e a solução para os problemas deve ser encontrada através da aplicação de novos sistemas que o século pode trazer.

Os acidentes rodoviários estão a piorar cada vez mais em todo o mundo. Os acidentes de viação no trajeto de Gelan para Tukurwuha variam em função de diferentes factores, como o estado do condutor, as condições ambientais e a situação dos veículos. As estradas são um pouco rectilíneas em comparação com as outras estradas dos países, mas os acidentes nestas estradas estão a causar a morte de quase 32,48% das pessoas, 18,46% ferimentos graves, 13,48% ferimentos ligeiros e 35,58% danos materiais, com um custo de 12 114 850 ETB birr nestas rotas. A morte do gado é de 68% e os ferimentos de 32%. Ao mesmo tempo, 11,10% dos feridos são condutores, 35,25% são peões e 53,66% são passageiros, sendo que a percentagem de peões e passageiros classificados nestas estradas é de 89%, o que indica que a morte de seres humanos é maioritariamente provocada por peões e passageiros. As estradas estão a piorar cada vez mais, a menos que os mecanismos de controlo das estradas se tornem cada vez mais fortes. A maioria dos ferimentos é registada por condutores. O problema dos condutores é de 55%, o dos peões de 35%, o dos veículos de 5%, o das estradas de 1% e outros 4%.

O outro grande problema notificado nestas linhas foi o problema dos mecanismos de recolha de dados. O sistema de recolha e tratamento de dados não está informatizado e alguns não conseguem obtê-los facilmente para um estudo adequado dos acidentes de viação. A falta de formação resulta no sistema de recolha de dados entre a polícia de trânsito da maior parte dos gabinetes nestas linhas, mesmo a Comissão de Polícia de Oromia tem uma situação muito surpreendente, na qual lida com dados de diferentes zonas e weredas. A organização dos dados sobre os acidentes de viação deveria indicar a medida a tomar, mas aqui não é assim. A polícia limita-se a registar os dados e depois identifica quem cometeu o erro e pune monetariamente a maioria dos condutores que cometeram acidentes de viação.

As zonas rurais registam cada vez mais acidentes nestas estradas do que as zonas urbanas, uma vez que o estudo revelou que 47% dos acidentes ocorreram nestas vias. Os tipos de veículos que mais causam acidentes são as carrinhas, as carrinhas de caixa aberta, os camiões de carga pesada, tais como os transportadores de carga de 11-41 quintais (ISUZU), os camiões pesados de carga de 41-100 quintais, os autocarros de transporte de 13-45 quintais são os tipos de veículos mais comuns nestas estradas.

O outro grande problema é a velocidade dos condutores, que ultrapassa o limite da velocidade mínima restrita. A velocidade a que os miniautocarros aceleram, por exemplo, é de 130km/h, como verifiquei durante o inquérito. O limite de velocidade recomendado é de 50Km/h a 90Km/h. A velocidade é, na maioria das vezes, cometida pelos empregados do que pelos motoristas do governo. Isto deve-se ao facto de os condutores empregados precisarem de receber mais por dia para serem rápidos e, ao mesmo tempo, causadores de mais acidentes.

Os resultados indicaram que as principais causas dos acidentes nas zonas de pontos negros foram a indisponibilidade de instalações adequadas para peões, o volume de tráfego pedonal, a fadiga dos condutores, a falta de conhecimento das regras de trânsito e a violação do limite de velocidade, de acordo com o estudo-piloto do Gabinete Nacional de Coordenação da Segurança Rodoviária. Além disso, verificou-se que a densidade de acidentes por quilómetro é função dos pontos de acesso nas cidades. A ponte estreita, a distância de visão inadequada, a iluminação insuficiente, a curvatura da estrada e as marcas rodoviárias desbotadas são geralmente as principais causas de acidentes.

O facto de os condutores tirarem a carta de condução fora da sua suficiência não reduzirá a taxa de acidentes, mas tornar-se-á o grande problema da economia do país, causando muitos danos à vida e à propriedade.

A regra segundo a qual os condutores que conduzem de forma incorrecta devem perder a carta de condução não é aplicada no nosso país. Como o controlo governamental sobre os condutores e os peões é menor, a gravidade dos acidentes rodoviários tem aumentado de tempos a tempos até aos últimos tempos.

Em geral, no nosso país, as causas dos acidentes de viação são as seguintes

- Falta de empregadores para dar o método de prevenção de acidentes passé
- Carregamento de pessoas em vagões de carregadores de materiais

- Carregamento acima da capacidade no autocarro de transporte de pessoas
- Polícia de trânsito e limitação de material
- Falta de um sistema moderno de recolha de dados ou de informações
- A conceção e a construção das estradas não têm em conta a segurança
- Falta de distribuição de sinais de trânsito e de cuidado com eles
- Falta de sensibilização da comunidade para controlar os acidentes de viação
- Falta de informação dos passageiros sobre os acidentes de viação e o modo de utilização das estradas
- Sensibilização da polícia de trânsito para o acompanhamento do estado do acidente depois de este ter ocorrido do que antes

Recomendação

A maior parte dos problemas foi identificada no estudo e separada em função da ênfase que deve ser dada; o que resta é a recomendação do caminho que ajuda a reduzir os acidentes de viação. Os métodos de resolução dos problemas foram definidos, mas a falta de educação, a falta de sensibilização ou outros factores tornaram a implementação demasiado fraca para reduzir os acidentes rodoviários.

De um modo geral, a recomendação que se segue deve ser bem ponderada.

- Proibição de estacionamento na berma da estrada
- Introdução do comboio de alta velocidade
- Redução dos trajectos possíveis devido à canalização do tráfego
- Aumentar o número de estradas, classificando-as em vias para camiões de carga pesada e vias para veículos pequenos
- Organizar acções de formação sobre acidentes de viação para as pessoas a nível escolar, a fim de sensibilizar todos os níveis
- Fornecer sinalização e marcação adequadas
- Aplicação rigorosa da polícia de trânsito e controlo da velocidade com recurso a radares
- Informação e campanha para os utentes da estrada
- Disponibilização de passeio lateral para peões
- Limitar o tempo de condução dos condutores profissionais e
- Utilização da gestão informatizada de dados para investigação futura
- As políticas e o sistema de gestão dos acidentes de viação devem ser estabelecidos pelo governo, a fim de reduzir a ocorrência de acidentes e a gravidade dos mesmos.

Em especial, deve ser dada prioridade às rotas de Adis Abeba a Modjo, uma vez que a proximidade da capital da Etiópia é maior e que as rotas de exportação e importação (Jibuti) passam por estas rotas, o que aumenta a gravidade dos acidentes.

6.3 Áreas de investigação futuras

A área de estudos futuros para qualquer outro investigador interessado poderia ser em alguns dos seguintes domínios.

A investigação feita até agora tem de ser testada ou implementada corretamente ou simplesmente guardada. Se as investigações efectuadas não forem implementadas, devem ser implementadas testando a viabilidade de todas as investigações feitas por tantos académicos até hoje e estabelecendo regras para a implementação do estudo. Outros domínios importantes a ter em conta são:

1. A eficiência do sistema de gestão da polícia de trânsito e a formação académica
2. O sistema de gestão de dados exige um modo de transporte mais importante que possa reduzir a intensidade do tráfego
3. Conceção da rede rodoviária e das vias alternativas para o escoamento dos utentes das estradas
4. O tipo de veículo existente no país de origem e o recém-chegado ao país

BIBLOGRAFIA

Afukaar FK, Antwi P, Ofosu-Amah S., 2003," *Pattern of Road Traffic Injuries in Ghana: implications for control. Injury Control and Safety Promotion*", Gana

A.Persson, 2008 "*Road Traffic Accidents in Ethiopia: Magnitude, Causes and Possible Interventions*" , Suécia, Universidade de Lund,

Bitew Mebrahtu, 2002, "*Taxi Traffic Accidents in Addis Ababa: Causes, Temporal and Spatial Variations, and Consequences*", Addis Ababa

Bong-Min Yang1 e Jinhyun Kim2, 2003," *Road traffic accidents and policy interventions in Korea*" Kyungnam, Coreia,

Brochura para o Dia Mundial da Saúde, 7 de abril de 2004

Dan Chisholm e Huseyin Naci, 2008," *Road Traffic Injury Prevention: An Assessment of Risk Exposure and Intervention Cost-Effectiveness in Different World Regions*", Genebra, Suíça.

Fanueal Samson, junho de 2006 "*Analysis of Traffic Accident in Addis Ababa : Traffic Simulation;"*, Addis Ababa ,

Frank P. Mckenna, 2007, *"The Perceived Legitimacy of Intervention: A Key Feature for Road Safety"* Universidade de Reading e Perception and Performance, Coreia

Finch DJ et al., 1994, *"Speed, Speed Limits and Accidents"*. Crowthorne, Transport Research Laboratory Ltd, (Relatório de Projeto 58)

Getachew Epherem (Tese), junho de 2008, *" Road Traffic Accident in Addis Ababa and the Solution to Mitigate*", Universidade de Addis Ababa, Etiópia

Getu Segni, abril de 2007, *"Causes of Road Traffic Accident and Possible Counter Measures on Addis Ababa - Shashemene Road*", Addis Ababa, Etiópia

Hogan Usoro, Phd, 2000, *"Strategies for the Prevention of Traffic Accidents on the Nigerian Highways" (Estratégias para a prevenção de acidentes de viação nas auto-estradas nigerianas)* Universidade de Tecnologia (Crutech) Calabar

Knight P, Trinca G., 1998, *"The Development, Philosophy and Transfer of TraumaCare Programs" (Desenvolvimento, Filosofia e Transferência de Programas TraumaCare). In: Reflections on the transfer of traffic safety knowledge to motorizing nations (Reflexões sobre a transferência de conhecimentos de segurança rodoviária para nações motorizadas).* Melbourne, Global Traffic Safety Trust: 7578.

Kebede Tenaw, 2000 E.C, *"Capablity of Driving Preventing Accident*", 10th Edition, Elam printing, Etiópia

Koornstra M, Bijleveld F, Hagenzieker M., 1997, *"The Safety Effects of Daytime Running Lights"*. Leidschendam, Instituto de Investigação sobre Segurança Rodoviária, (Relatório SWOV R-97-36).

Pachaivannan Partheeban1, Elangovan Arunbabu2, Ranganathan Rani Hemamalini3, 2000, "*Road Accident Cost Prediction Model Using Systems Dynamics, Approach"*, St. Peter's Engineering College, Chennai, Índia,

"Actas da Sociedade da Ásia Oriental para Estudos de Transportes", Vol. 5, pp. 2062 - 2074, 2005

"Relatório da Comissão do Fundo para os Acidentes Rodoviários" República da África do Sul, 2002, Volume 1

"*Royal Government of Cambodia Ministry of Public Works and Transport Country Report on Road Safety*" no Camboja por S.E. Ung Chun Hour Diretor-Geral dos Transportes e Secretário-Geral do NTSC (22 de junho de 2007)

"O Boletim Informativo da OMS sobre Segurança Rodoviária". Boletim 1: novembro de 2003

Westefeld A, Phillips BM., 1976, "*Effectiveness of Various Safety Belt Warning Systems"*. Washington, DC, Administração Nacional de Segurança do Tráfego Rodoviário, (DOT-HS-801-953).

Williams AF, Wells JK. 2003, "*Drivers' Assessment of Ford's Belt Reminder System. Traffic Injury Prevention, "* 4:358-362.

"Relatório Mundial sobre a Prevenção de Lesões causadas pelo Tráfego Rodoviário, 2007

Yang BM, Kim J., 2003, "*Road traffic Accidents and Policy Interventions in Korea: Injury Control and Safety Promotion"*, 10:89-94.

Yayeh Addis, , junho de 2003, *" The Extent, Variations and Causes of Road Traffic Accidents in Bahir Dar"*, Addis Ababa, Ethipopia

Zaal D., 1994, *"Traffic Law Enforcement:"* A Review of the Literature. Melbourne, Centro de Investigação de Acidentes da Universidade de Monash,

FONTES DO SÍTIO WEB

(http:// www.nhtsa.dot.gov/people/outreach/traftech/
http://www.etsc.be/rep.htm
http://www.vv.se/for_lang/english/publications/C&C.pdf
http://www.vv.se/traf_sak/t2000/908.pdf
http://www.icadts.org/reports/AlcoholInterlockReport.pdf
http://wwwnrd.nhtsa.dot.gov/pdf/nrd01/esv/esv18/CD/Files/18ESV-000261.pdf
http://www.general.monash.edu.au/muarc/rptsum/muarc53.pdf
http://www.etsc.be/strategies.pdf
http://www.safecarguide.com/exp/statistics/statistics.htm
http://www.voanews.com/english/archive/2006-03/2006-03-02-voa20.cfm
http://www.eeaecon.org/5th%20Inter%20Papers/Temesgen%20Aklilu%20%20
Ethiopian%20Economists%20Association%205th%20confedernce.htm
http://www.safecarguide.com/exp/statistics/statistics.htm
http://www.dft.gov.uk/pgr/statistics/datatablespublications/vehicles/carsmmrisk/

APÊNDICE I:

Tabelas de estatísticas e números de acidentes

Quadro A 1: Acidentes de viação diários ocorridos

" Dia	Montante	**% de quota**
Segunda-feira	**277**	13.4%
Terça-feira	**366**	17.7%
Quarta-feira	**248**	12.0%
Quinta-feira	**304**	14.7%
Sexta-feira	**266**	12.9%
Sábado	**310**	15.0%
Domingo	**296**	14.3%
Total	2170	100.0%

Quadro A- 2: Ocorrência horária de acidentes

Hora do dia em horas	Montante	% de quota	R. Não	Tempo noturno em horas	Montante	% de quota
1-2	53	2.44	1	1-2	169	7.7
2-3	198	9.12	2	2-3	157	7.2
3-4	157	7.24	3	3-4	154	7.1
4-5	110	5.07	4	4-5	68	3.1
5-6	188	8.66	5	5-6	55	2.5
6-7	102	4.70	6	6-7	67	3.0
7-8	127	5.85	7	7-8	8	0.3
8-9	129	5.94	8	8-9	12	0.5
9-10	175	8.06	9	9-10	68	3.1
10-11	177	8.16	10	10-11	74	3.4
11-12	168	7.74	11	11-12	80	3.6
12-1	179	8.25	12	12-1	87	4.0

Quadro A- 3: Idade dos condutores que causaram acidentes

\ *Idade \f condutores em anoS*	*199 7*	*% de quota*	*199 8*	*% de quota*	*199 9*	*% de quota*	*200 0*	*% de quota*	*Total*	*Total % de quota*
Menos de 18 anos	21	5.12%	67	13.43 %	61	11.82 %	118	15.84%	267	**11.55 %**
18 30	185	45.12%	174	34.87 %	156	30.23 %	264	35.44%	779	**36.42 %**
31 50	141	34.39%	167	33.47 %	152	29.46 %	187	25.10%	647	**30.60 %**
Acima de 51	48	11.71%	51	10.22 %	87	16.86 %	95	12.75%	281	**12.88 %**
desconhecid o n	21	5.12%	40	8.02%	60	11.63 %	61	8.19%	182	**8.24%**
total	**410**	**100.00 %**	**499**	**100.0 0**	**516**	**100.0 0**	**745**	**100.00 %**	**217 0**	**100.00**

Quadro A- 4: Os condutores Géneros

Sexo dos condutores	199 7	% de xávega	199 8	% de quota	199 9	% de quota	200 0	% de quota	Tota l	Total % de quota
Masculino	405	98.78%	495	99.20%	513	99.42%	739	99.19%	2152	99.17%
Feminino	5	1.22%	4	0.80%	3	0.58%	6	0.81%	18	0.83%
Desconhecid o n	-	0.00%	-	0.00%	-	0.00%	-	0.00%	-	-
Total	410	100.00 %	499	100.00 %	516	100.00 %	745	100.00 %	2170	100.00 %

Quadro A- 5: Habilitações literárias dos condutores que causaram acidentes

O estatuto educacional	1997	% ação	1998	% ação	1999	% partilhar	2000	% ação	Total	Total % de quota
Analfabeto	2	0.49%	4	0.80%	3	0.58%	2	0.27%	11	0.53%
Ensino básico	43	10.49%	45	9.02%	81	15.70%	80	10.74%	249	12.05%
Nível do 1° ciclo	86	20.98%	120	24.05%	150	29.07%	180	24.16%	536	25.93%

2º nível júnior	129	31.46%	121	24.25%	132	25.58%	195	26.17%	577	27.91%
liceu de 2ª idade	76	18.54%	151	30.26%	81	15.70%	156	20.94%	464	22.45%
Acima do 2º ciclo do ensino secundário	60	14.63%	52	10.42%	64	12.40%	122	16.38%	298	14.42%
desconhecido	12	2.93%	4	0.80%	3	0.58%	5	0.67%	24	1.16%

Quadro A- 6: Relação entre os condutores e os veículos

Relação entre o condutor e o veículo	Total	*Total %*
O proprietário do veículo	660	*30.41%*
Empregado	1327	***61.15%***
Outros	168	*7.74%*
Desconhecido	*15*	*0.69%*

Quadro A-7: Experiências dos condutores

Experiências dos condutores	1997	% de quota	1998	% de quota	1999	% de quota	2000	% de quota	Total	Total % de quota
Não ter licença	5	1.22%	31	6.21%	32	6.20%	58	7.79%	126	5.81%
Menos de 1 ano	8	1.95%	34	6.81%	42	8.14%	95	12.75%	179	8.25%
1-2 anos	130	31.71%	83	16.63%	58	11.24%	87	11.68%	358	16.50%
2-5 anos	97	23.66%	97	19.44%	151	29.26%	133	17.85%	478	22.03%
5-10 anos	153	37.32%	132	26.45%	137	26.55%	165	22.15%	587	27.05%
Mais de 10 anos	10	2.44%	92	18.44%	67	12.98%	145	19.46%	314	14.47%

Desconhecido	7	1.71%	30	6.01%	29	5.62%	62	8.32%	128	5.90%

Quadro A-7.1 Nível da carta de condução dos condutores que causaram os acidentes

Nível da carta de condução	1997	% ação	1998	% ação	1999	% partilhar	2000	% ação	Total	Total % de quota
1º	12	2.93%	24	4.81%	43	8.33%	52	6.98%	131	6.04%
2.o	88	21.46%	48	9.62%	50	9.69%	82	11.01%	268	12.35%
3ª	158	38.54%	54	10.82%	145	28.10%	238	31.95%	595	27.42%
4.o	102	24.88%	94	18.84%	98	18.99%	110	14.77%	404	18.62%
5ª	12	2.93%	192	38.48%	65	12.60%	105	14.09%	374	17.24%
Certificado especial	16	3.90%	24	4.81%	39	7.56%	51	6.85%	130	5.99%
sem licença	12	2.93%	27	5.41%	38	7.36%	56	7.52%	133	6.13%
Desconhecido	10	2.44%	36	7.21%	38	7.36%	51	6.85%	135	6.22%

Quadro A- 8: Vida útil dos veículos

Vida útil em anos	1997	% ação	1998	% partilhar	1999	% partilhar	2000	% ação	Total	Total % de quota
Menos de	47	11.46%	37	7.41%	53	10.27%	79	10.60%	216	9.95%
1-2	56	13.66%	40	8.02%	59	11.43%	79	10.60%	234	10.78%
2-5	118	28.78%	113	22.65%	118	22.87%	198	26.58%	547	25.21%
5-10	87	21.22%	165	33.07%	134	25.97%	183	24.56%	569	26.22%
Acima de 10	79	19.27%	110	22.04%	99	19.19%	131	17.58%	419	19.31%
Desconhecido	23	5.61%	34	6.81%	53	10.27%	75	10.07%	185	8.53%

Quadro A- 9: Tipos de lesões causadas por veículos

Tipos de veículos	1997	% de quota	1998	% de quota	1999	% de quota	2000	% de quota	Total	Total % de quota
Bicicleta	-	-	6	1.16%	13	2.52%	23	3.09%	42	1.94%
Bicicleta a motor	5	1.00%	17	3.41%	15	2.91%	22	2.95%	59	2.72%
Autocarro	13	2.61%	20	4.01%	37	7.17%	72	9.66%	142	6.54%
Carrinha	56	13.66%	53	10.62%	47	9.11%	36	4.83%	192	8.85%
Recolha de 10 quintais	57	13.90%	39	7.82%	40	7.75%	70	9.40%	206	9.49%
Camião pesado de 11-40 de carga	93	22.68%	74	14.83%	53	10.27%	95	12.75%	315	14.52%
Camião pesado de 41-100	73	17.80%	91	18.24%	58	11.24%	66	8.86%	288	13.27%
Camião pesado com reboques	25	6.10%	29	5.81%	28	5.43%	50	6.71%	132	6.08%
Camião-cisterna	7	1.71%	21	4.21%	22	4.26%	23	3.09%	73	3.36%
Táxis	5	1.22%	11	2.20%	18	3.49%	23	3.09%	57	2.63%

Autocarro de lotação 12	9	2.20%	45	9.02%	47	9.11%	23	3.09%	124	5.71%
Autocarro de lotação 13-45	28	6.83%	22	4.41%	28	5.43%	52	6.98%	130	5.99%
Autocarro de sentar 46 e sobre	13	3.17%	15	3.01%	20	3.88%	37	4.97%	85	3.92%
Camiões especiais	6	1.46%	11	2.20%	18	3.49%	23	3.09%	58	2.67%
Camiões especiais com reboque	5	1.22%	11	2.20%	20	3.88%	22	2.95%	58	2.67%
Carrinho	5	1.22%	11	2.20%	18	3.49%	34	4.56%	68	3.13%
Comboio	0	0.00%	0	0.00%	0	0.00%	0	0.00%	0	0.00%
Outros	5	1.22%	12	2.40%	17	3.29%	25	3.36%	59	2.72%
Desconhecido	5	1.22%	11	2.20%	17	3.29%	49	6.58%	82	3.78%

Quadro A-10: Os problemas dos veículos

problemas dos veículos	1997	% ação	1998	% ação	1999	% ação	2000	% ação	Total	Total % de quota
Problema nos travões	14	3.41%	29	5.81%	43	8.33%	76	10.20%	162	7.47%
Problema de freon	14	3.41%	37	7.41%	63	12.21%	55	7.38%	169	7.79%

Pneu Problema	14	3.41%	45	9.02%	55	10.66%	76	10.20%	190	8.76%
Problema de iluminação	42	10.24%	38	7.62%	50	9.69%	83	11.14%	213	9.82%
Outros equipamentos mecânicos	45	10.98%	59	11.82%	59	11.43%	95	12.75%	258	11.89%
Não há problema	187	45.61%	291	58.32%	181	35.08%	225	30.20%	884	40.74%
Desconhecido	94	22.93%	57	11.42%	65	12.60%	135	18.12%	351	16.18%

Quadro A-11: Estrada em que ocorreram os acidentes

Tipo de estradas	1997	% de quota	1998	% de quota	1999	% de quota	2000	% de quota	Total	Total % de quota
Aderir ao mundo rural	241	58.78%	223	44.69%	275	53.29%	281	37.72%	1020	47.00%
Junção de províncias	59	14.39%	80	16.03%	75	14.53%	140	18.79%	354	16.31%
Estrada de cascalho	62	15.12%	105	21.04%	91	17.64%	146	19.60%	404	18.62%
Estrada municipal	48	11.71%	91	18.24%	75	14.53%	178	23.89%	392	18.06%

Quadro A-12 Local onde ocorreram os acidentes

Local & Áreas	199 7	% de quota	199 8	% de quota	199 9	% ação	200 0	% ação	Tota l	% ação
Não asfaltado	59	14.39%	132	26.45%	90	18.04 %	127	24.61 %	408	18.80 %
Aldeia sem estrada de betão	98	23.90%	33	6.61%	99	19.84 %	132	25.58 %	362	16.68 %

À volta da escola	38	9.27%	60	12.02%	30	6.01%	62	12.02 %	190	8.76%
Fábrica	41	10.00%	70	14.03%	53	10.62 %	68	13.18 %	232	10.69 %
Área de orações	27	6.59%	80	16.03%	32	6.41%	35	6.78%	174	8.02%
Área de mercado	44	10.73%	32	6.41%	31	6.21%	79	15.31 %	186	8.57%
Área de lazer	23	5.61%	20	4.01%	40	8.02%	46	8.91%	129	5.94%
Área hospitalar	15	3.66%	20	4.01%	30	6.01%	40	7.75%	105	4.84%
Área de escritórios	34	8.29%	28	5.61%	56	11.22 %	57	11.05 %	175	8.06%
área de residência	31	7.56%	24	4.81%	45	9.02%	84	16.28 %	184	8.48%
Outros	-	#VALOR !	-	#VALOR !	10	2.00%	15	2.91%	25	1.15%

Quadro A- 13: Sistema de conceção de ramificação de estradas

A conceção das estradas	1997	% de quota	1998	% de quota	1999	% de quota	2000	% de quota	Total	Total % de quota
Uma via	163	39.76%	156	31.26%	127	24.61%	164	22.01%	610	28.11%
Duas formas	143	34.88%	179	35.87%	161	31.20%	172	23.09%	655	30.18%
Ilha isolada	20	4.88%	40	8.02%	54	10.47%	80	10.74%	194	8.94%

Não dividido por símbolo colorido	35	8.54%	74	14.83%	51	9.88%	186	24.97%	346	15.94%
Dividido pelo símbolo colorido	49	11.95%	50	10.02%	123	23.84%	143	19.19%	365	16.82%

Quadro A- 14: Posição das estradas

Tipo de estradas	1997	% de quota	1998	% de quota	1999	% de quota	2000	% de quota	Total	Total % de quota
Reto e liso	202	49.27%	238	47.70%	193	37.40%	291	39.06%	924	42.58%
Reto e ligeiramente inclinado	59	14.39%	117	23.45%	45	8.72%	113	15.17%	334	15.39%
Reta e mais íngreme	32	7.80%	23	4.61%	46	8.91%	45	6.04%	146	6.73%
Direto e para cima e para baixo	16	3.90%	25	5.01%	50	9.69%	81	10.87%	172	7.93%
Ligeiramente em ziguezague	30	7.32%	22	4.41%	35	6.78%	48	6.44%	135	6.22%
Muito em ziguezague	15	3.66%	20	4.01%	33	6.40%	72	9.66%	140	6.45%
Montanhoso	45	10.98%	24	4.81%	48	9.30%	48	6.44%	165	7.60%
Inclinação para baixo	11	2.68%	30	6.01%	33	6.40%	47	6.31%	121	5.58%
Outros	20	4.88%	14	2.81%	33	6.40%	53	7.11%	120	5.53%

Quadro A-15: As estradas que se unem ou se encontram

Tipo de entroncamento rodoviário	1997	% de quota	1998	% de quota	1999	% de quota	2000	% de quota	Total	Total % de quota
Não aderir	212	51.71%	257	51.50%	205	39.73%	302	40.54 %	976	44.98%
Forma em Y	37	9.02%	36	7.21%	46	8.91%	125	16.78 %	244	11.24%
Em forma de T	35	8.54%	44	8.82%	58	11.24%	92	12.35 %	229	10.55%
Ilha circular	22	5.37%	21	4.21%	38	7.36%	67	8.99%	148	6.82%
em forma de t	54	13.17%	45	9.02%	44	8.53%	57	7.65%	200	9.22%
Em forma de X	25	6.10%	40	8.02%	38	7.36%	52	6.98%	155	7.14%
Atravessar a via férrea	13	3.17%	25	5.01%	38	7.36%	50	6.71%	126	5.81%
outros	12	2.93%	31	6.21%	49	9.50%	57	7.65%	149	6.87%
total	410	100.00 %	499	100.00 %	516	100.00 %	745		2170	100.00 %

Quadro A-16: Tipos de camadas da estrada

Tipo de camadas da estrada	1997	% de quota	1998	% de quota	1999	% de quota	2000	% de quota	Total	Total % de quota
Bom asfalto	162	39.51%	273	54.71%	187	36.24%	371	49.80%	993	45.76%
Desfiladeiro asfaltado	62	15.12%	60	12.02%	151	29.26%	161	21.61%	434	20.00%
cascalho	82	20.00%	116	23.25%	93	18.02%	111	14.90%	402	18.53%

Empoeirado	104	25.37%	50	10.02%	85	16.47%	102	13.69%	341	15.71%

Quadro A- 17: Estado da estrada

Estado da estrada s	199 7	% de quota	199 8	% de quota	199 9	% de quota	200 0	% de quota	Tota l	Total % de quota
Seco	251	61.22%	295	59.12%	259	50.19%	408	54.77%	121 3	55.90%
Húmido	71	17.32%	65	13.03%	92	17.83%	117	15.70%	345	15.90%
Lama	43	10.49%	74	14.83%	83	16.09%	112	15.03%	312	14.38%
Outros	45	10.98%	65	13.03%	82	15.89%	108	14.50%	300	13.82%
Total	410	100.00 %	499	100.00 %	516	100.00 %	745	100.00 %	217 0	100.00 %

Quadro A-18: Tipo de acidente cometido

Tipos de colisão	1997	% de quota	1998	% de quota	1999	% de quota	2000	% de quota	Total	Total % de quota
Colisão cara a cara	45	10.98%	54	10.82%	51	9.88%	122	16.38%	272	12.53%
Colisão entre a face e a cauda	61	14.88%	52	10.42%	41	7.95%	72	9.66%	226	10.41%
Colisão frontal	50	12.20%	39	7.82%	44	8.53%	55	7.38%	188	8.66%

Colisão lateral	21	5.12%	25	5.01%	58	11.24%	83	11.14%	187	8.62%
Virar	50	12.20%	75	15.03%	55	10.66%	107	14.36%	287	13.23%
Colisão de peões	85	20.73%	87	17.43%	83	16.09%	55	7.38%	310	14.29%
Colisão de animais	31	7.56%	39	7.82%	34	6.59%	69	9.26%	173	7.97%
Queda do veículo	17	4.15%	23	4.61%	26	5.04%	53	7.11%	119	5.48%
Colisão de um veículo imobilizado	17	4.15%	40	8.02%	48	9.30%	34	4.56%	139	6.41%
Resumo	16	3.90%	16	3.21%	30	5.81%	33	4.43%	95	4.38%
colisão de coisas										
Colisão com comboio	-	0.00%	0	0.00%	0	0.00%	0	0.00%	0	0.00%
Outros	9	2.20%	25	5.01%	23	4.46%	31	4.16%	88	4.06%
Desconhecido	8	1.95%	24	4.81%	23	4.46%	31	4.16%	86	3.96%

Quadro A-19: Condições de iluminação

O estado da luz s	199 7	% de quota	199 8	% de quota	199 9	% de quota	200 0	% de quota	Tota l	Total % de quota

Luz do dia	176	42.93%	232	46.49%	209	40.50%	251	33.69%	868	40.00%
Ao pôr do sol	63	15.37%	67	13.43%	66	12.79%	113	15.17%	309	14.24%
Ao nascer do sol	48	11.71%	51	10.22%	56	10.85%	77	10.34%	232	10.69%
À noite, com boa iluminação na berma da estrada	34	8.29%	38	7.62%	44	8.53%	115	15.44%	231	10.65%
À noite, com pouca luz na berma da estrada	23	5.61%	32	6.41%	49	9.50%	69	9.26%	173	7.97%
Escuro ou sem iluminação na berma da estrada	41	10.00%	42	8.42%	51	9.88%	63	8.46%	197	9.08%
Outros	25	6.10%	37	7.41%	41	7.95%	57	7.65%	160	7.37%
Total	410	100.00 %	499	100.00 %	516	100.00 %	745	100.00 %	217 0	100.00 %

Quadro A-20; A atividade do peão

Quadro A- 20.1: Condições climatéricas

Condições climatéricas	1997	% de quota	1998	% de quota	1999	% de quota	2000	% de quota	Total	Total % de quota
Boas condições climatéricas	196	47.80%	230	46.09%	147	28.49%	255	34.23%	828	38.16%

Tempo nublado	22	5.37%	20	4.01%	30	5.81%	67	8.99%	139	6.41%
Nuvem	29	7.07%	20	4.01%	33	6.40%	48	6.44%	130	5.99%
Chuvoso	24	5.85%	27	5.41%	47	9.11%	50	6.71%	148	6.82%
Chuva intensa	18	4.39%	30	6.01%	58	11.24%	49	6.58%	155	7.14%
Vento forte	13	3.17%	35	7.01%	30	5.81%	51	6.85%	129	5.94%
Poeira	22	5.37%	45	9.02%	31	6.01%	92	12.35%	190	8.76%
Quente	52	12.68%	44	8.82%	40	7.75%	53	7.11%	189	8.71%
Frio	19	4.63%	28	5.61%	67	12.98%	40	5.37%	154	7.10%
Outros	15	3.66%	20	4.01%	33	6.40%	40	5.37%	108	4.98%

Quadro A-20.2: O movimento do peão

movimento dos peões	1997	% de quota	1998	% de quota	1999	% de quota	2000	% de quota	Total	Total % de quota
Onde houver semáforos a atravessar estradas	5	1.22%	11	2.20%	16	3.1%	21	2.82%	53	2.44%
Ao atravessar cruzamentos sem semáforos	10	2.44%	13	2.61%	56	10.9%	121	16.24%	200	9.22%

Passagem de nível nos cruzamentos	37	9.02%	129	25.85%	48	9.3%	79	10.60%	293	13.50%
Passagem nas passagens de peões	5	1.22%	11	2.20%	30	5.8%	21	2.82%	67	3.09%
Passagem de nível onde não há passadeira	136	33.17%	135	27.05%	73	14.1%	87	11.68%	431	19.86%
Passagem de nível escondendo-se no cruzamento de veículos	54	13.17%	11	2.20%	84	16.3%	55	7.38%	204	9.40%
Enquanto as estradas pedonais lá, a circular nas estradas dos veículos	5	1.22%	11	2.20%	16	3.1%	71	9.53%	103	4.75%
Circulação em estradas pedonais	38	9.27%	11	2.20%	32	6.2%	9	1.21%	90	4.15%
Circular à direita e sem estradas para peões	40	9.76%	11	2.20%	16	3.1%	33	4.43%	100	4.61%
Circulação à esquerda e sem vias pedonais	16	3.90%	53	10.62%	22	4.3%	33	4.43%	124	5.71%
Mudança	19	4.63%	11	2.20%	18	3.5%	21	2.82%	69	3.18%

no interior das estradas do veículo										
Empurrar o veículo ou trabalhar	5	1.22%	11	2.20%	16	3.1%	21	2.82%	53	2.44%
Brincar nas estradas de veículos	5	1.22%	11	2.20%	16	3.1%	21	2.82%	53	2.44%
Brincar nas estradas de veículos	6	1.46%	11	2.20%	16	3.1%	37	4.97%	70	3.23%
Paragem nas estradas dos veículos	9	2.20%	11	2.20%	10	1.9%	31	4.16%	61	2.81%
Sentar-se ou dormir nas estradas do veículo	5	1.22%		0.00%	5	1.0%	21	2.82%	31	1.43%
Fora do veículo ou das vias pedonais	5	1.22%	11	2.20%	6	1.2%	21	2.82%	43	1.98%
Outros	5	1.22%	25	5.01%	20	3.9%	21	2.82%	71	3.27%
Desconhecido	5	1.22%	12	2.40%	16	3.1%	21	2.82%	54	2.49%

Tabela A-21: Razões que levam os condutores a causar acidentes

Causa de acidentes	1997	% partilhar	1998	% ação	1999	% ação	2000	% ação	Total	Total % de quota
Conduzir bebendo	3	0.73%	7	1.40%	10	1.94%	13	1.74%	33	1.52%
Conduzir sob o efeito de drogas	3	0.73%	7	1.40%	10	1.94%	13	1.74%	33	1.52%

Conduzir saindo da sua direita	15	3.66%	121	24.25%	17	3.29%	45	6.04%	198	9.12%
Negligência em não dar oportunidade ao veículo	71	17. 32%	63	12.63%	32	6.20%	58	7.79%	224	10.32%
Negligenciar o peão	98	23.90%	48	9.62%	41	7.95%	58	7.79%	245	11.29%
Seguir próximo do veículo	26	6.34%	23	4.61%	49	9.50%	67	8.99%	165	7.60%
Tentar	3	0.73%	7	1.40%	10	1.94%	13	1.74%	33	1.52%
sobre a colina										
Tentar passar em ziguezague	10	2.44%	7	1.40%	10	1.94%	54	7.25%	81	3.73%
Depois de passar por cima, vira-se de repente e entra	11	2.68%	7	1.40%	37	7.17%	27	3.62%	82	3.78%
Excesso de velocidade acima do limite	35	8.54%	29	5.81%	42	8.14%	49	6.58%	155	7.14%
Passagem desnecessária	39	9.51%	14	2.81%	10	1.94%	31	4.16%	94	4.33%
Viragem desnecessária	11	2.68%	8	1.60%	10	1.94%	23	3.09%	52	2.40%
Violação da ordem de polícia de trânsito	3	0.73%	7	1.40%	10	1.94%	13	1.74%	33	1.52%
Violação do semáforo	3	0.73%	7	1.40%	10	1.94%	13	1.74%	33	1.52%

Violação do sinal de "stop	3	0.73%	7	1.40%	20	3.88%	19	2.55%	49	2.26%
Evitar a regra "dar prioridade	17	4.15%	7	1.40%	10	1.94%	13	1.74%	47	2.17%
A partir da sua paragem incorretamente	3	0.73%	9	1.80%	10	1.94%	21	2.82%	43	1.98%
Paragem incorrecta	6	1.46%	8	1.60%	10	1.94%	23	3.09%	47	2.17%
Por fraqueza ou sono	3	0.73%	7	1.40%	22	4.26%	13	1.74%	45	2.07%
Pensamento	9	2.20%	7	1.40%	17	3.29%	13	1.74%	46	2.12%
Aceleração incorrecta	3	0.73%	7	1.40%	16	3.10%	13	1.74%	39	1.80%
Carregamento desnecessário	7	1.71%	7	1.40%	10	1.94%	13	1.74%	37	1.71%
Problema com os disjuntores	3	0.73%	11	2.20%	10	1.94%	13	1.74%	37	1.71%
Desprendimento de pneus	4	0.98%	7	1.40%	15	2.91%	13	1.74%	39	1.80%
Rebentamento do pneu	4	0.98%	10	2.00%	11	2.13%	29	3.89%	54	2.49%
O problema do Freon	4	0.98%	7	1.40%	12	2.33%	13	1.74%	36	1.66%
O problema das estradas	3	0.73%	7	1.40%	10	1.94%	13	1.74%	33	1.52%

O problema dos peões	3	0.73%	8	1.60%	14	2.71%	13	1.74%	38	1.75%
Outros	3	0.73%	8	1.60%	26	5.04%	13	1.74%	50	2.30%
Desconhecido	4	0.98%	27	5.41%	5	0.97%	33	4.43%	69	3.18%

Quadro A- 22: Acidentes causados anualmente

anos	Total de lesões	% de quota
1990	2033	7.23%
1991	1785	6.35%
1992	2004	7.12%
1993	1951	6.94%
1994	2032	7.22%
1995	2670	9.49%
1996	3105	11.04%
1997	3164	11.25%
1998	3272	11.63%
1999	3352	11.92%
2000	2764	9.83%
Total	28132	100.00%

Tabela A-22: Intensidade de tráfego de Akaki a Bishoftu

Não,	Ano	Automóvel	L/Rover	S/Bus	L/Bus	S/Camião	M/Camião	H/Camião	Camião e reboque	Total
1	1998	593	727	426	430	542	474	463	574	4229
2	1999	721	1086	858	705	729	756	852	890	6597
3	2000	721	1086	858	705	729	756	852	890	6597
4	2001	792	1134	518	519	421	667	998	666	5715
5	2002	979	1349	714	643	547	1067	1283	930	7512
6	2003	1310	1733	991	770	498	1374	1339	987	9002
7	2004	1418	1849	1122	791	485	1531	1413	1156	9765
8	2005	1384	1709	1338	1149	1081	1847	1665	1737	11910
9	2006	1223	1464	1592	995	1367	1480	1344	1340	10805
10	2007	1964	2262	2159	1511	964	2184	1644	2583	15271

Quadro A-23: Acidentes de viação ocorridos em 2000 em Gelan daiyly E.C

Dias da semana	Segunda-feira	Terça-feira	Quarta-feira	Dia de quinta-feira	Sexta-feira	Sábado	Domingo	Total

Acidente Número	4	4	5	5	4	2	3	27
% de quota	14.81%	14.81%	18.52%	18.52%	14.81%	7.41%	11.11%	100.00%

Tabela A-24: Intensidade de tráfego de Debre Zeit - Mojdo

Não,	Ano	Automóvel	L/Rover	S/Bus	L/Bus	S/Camião	M/Camião	H/Camião	Camião e reboque	Total
1	1998	420	640	523	253	355	358	413	465	3427
2	1999	368	673	550	343	292	598	546	713	4083
3	2000	544	712	759	581	771	723	707	771	5568
4	2001	440	663	531	474	601	729	787	711	4936
5	2002	919	1269	1120	949	1067	1401	1501	1419	9645
6	2003	701	1193	827	679	881	981	970	1098	7330
7	2004	629	1165	715	538	720	829	837	824	6257
8	2005	762	1203	859	544	433	1120	881	1178	6980
9	2006	769	1218	1061	815	699	1162	1306	1355	8385
10	2007	1251	1599	1587	1141	1160	1748	1791	1905	12182

Quadro A-25: Indicação dos dados sobre acidentes de viação em Bishoftu

Anos	Morte	Lesões corporais graves	Ferimentos ligeiros no corpo	Bens danificados	Total
1997	18	19	11	29	77
1998	15	14	13	41	83
1999	17	12	4	34	67
2000	18	24	10	47	99
Total	68	69	38	151	326

Tabela A-26: Intensidade de tráfego de MOJO - SHASHEMENE

Ano	Automóvel	L/Rover	S/Bus	L/Bus	S/Camião	M/Camião	H/Camião	Camião e reboque	Total
1998	46	223	233	128	185	122	218	106	1261
1999	22	196	236	215	115	138	189	97	1208
2000	31	232	182	102	92	153	222	142	1156
2001	57	275	224	104	135	178	242	151	1366
2002	75	250	233	125	192	249	203	138	1465
2003	74	283	237	121	211	216	245	141	1528
2004	100	364	291	155	357	234	187	172	1860
2005	103	298	321	140	299	265	176	166	1768
2006	131	324	328	186	247	365	231	189	2001
2007	131	352	381	200	333	346	272	228	2243

TABELA A-27: Dados de tráfego de Modjo a Bulbula

Anos	Morte	Pesado lesões	Corpo ligeiro lesões	Bens danificados	Total	%partilha
1996	68	28	11	64	171	20.21%
1997	80	30	5	62	177	20.92%
1998	65	36	4	45	150	17.73%
1999	51	26	10	65	152	17.97%
2000	73	17	23	83	196	23.17%
total	337	137	53	319	846	100.00%

%partilha	39.83%	16.19%	6.26%	37.71%	100%	100.00%

Tabela A-28: Acidentes ocorridos no meki

Anos	Morte	Lesões corporais graves	Ferimentos ligeiros no corpo	Bens danificados	Total
1997	5	5	1	0	11
1998	6	2	5	9	22
1999	10	5	0	9	24
2000	11	6	7	12	36
Total	32	18	13	30	93

Tabela A-29: Intensidade de tráfego de SHASHEMENE - AWASA

Ano	Automóvel	L/Rover	S/Bus	L/Bus	S/Camião	M/Camião	H/Camião	Camião e Reboque	Total
1998	51	357	280	116	131	80	171	35	1221
1999	29	254	262	139	144	110	169	39	1146
2000	27	281	249	98	134	92	158	54	1093
2001	38	314	265	101	121	142	223	70	1274
2002	59	318	305	92	149	126	157	44	1250
2003	73	373	306	92	193	94	143	40	1314
2004	74	238	267	100	161	278	125	57	1300
2005	92	333	350	152	295	227	144	67	1660
2006	120	305	321	173	252	297	122	57	1647
2007	192	411	444	172	470	285	144	92	2210

Quadro A-30: Acidentes de Arsi Negele a Tukur Wuha (200-2001E.C)

Anos	Morte	Lesões corporais graves	Ferimentos ligeiros no corpo	Bens danificados	Total
2001	24	34	20	47	125
2000	25	11	21	18	75
Total	49	45	41	65	200

Quadro A-31: Acidentes diários de Arsinegele a Tukurwuha

Dia das semanas	O montante das lesões	% de quota
Segunda-feira	21	16.80%
Terça-feira	18	14.40%
Quarta-feira	13	10.40%
Quinta-feira	23	18.40%

Sexta-feira	10	8%
Sábado	20	16%
Domingo	20	16%
Total	125	100%

Tabela A-32: Comparação da intensidade de tráfego de Akaki a Hawassa

Anos	Akakito Debreziet	Debreziet para Modjo	Modjoto Shashamene	Shashameneto Hawassa	Total
1998	4229	3427	1261	1221	10138
1999	6597	4083	1208	1146	13034
2000	6597	5568	1156	1093	14414
2001	5715	4936	1366	1274	13291
2002	7512	9645	1465	1250	19872
2003	9002	7330	1528	1314	19174
2004	9765	6257	1860	1300	19182
2005	11910	6980	1768	1660	22318
2006	10805	8385	2001	1647	22838
2007	15271	12182	2243	2210	31906

Quadro A.33 Estado do tráfego do Modjo de 2000 E.C

Tipo de acidentes	Morte	Ferimentos graves	Ferimentos ligeiros	Danos materiais	Total
Montante do acidente	21	9	8	18	56
Percentagem de participação	37.50%	16.07%	14.29%	32.14%	100.00%

Quadro A-34 Local e Região com as respectivas distâncias

R. Não	1	2	3	4	5	6	7	8
Região	Oromia	Oromi a	Oromi a	Oromi a	Oromia	Oromia	Oromia	S/Nação

Zona,	Debrezie	Modjo	Alem	Ziway	Addamitul	Arsinegel	Shashamen	Hawass
Distância de A.A (Km)	47	70	111	161	167	231	250	270

Quadro A- 35. Gravidade dos acidentes de viação e rodoviários

R. Não	Nome dos sectores rodoviários	Dista nça em Kms	Idade média tráfego intensidad e	Gravidade do acidente					total	%
				dea th	Lesões por ferimen tos na cabeça	Ferimen tos simples	Dama de proprieda de	desconhec ido		
1	Dukem-D/ziet	10	7512	130	144	43	178	3	49 8	22. 21
2	D/Ziet- Mojdo	23	6861	86	60	22	154	0	32 2	14. 36
3	Modjo- Zuway	67	1975	122	80	36	131	17	38 6	17. 22
4	Zuway- Bulbula	50	1465	70	39	22	57	0	18 8	8.3 9
5	Bulbulla- Shashamene (Tukurwuha)	66	1442	97	92	41	86	16	33 2	14. 81
6	Hawassa- Dilla	87	629	33	43	31	14	17	13 8	6.1 6
7	Shashamene- Dilla	130	630	27	101	17	39	5	18 9	8.4 3
8	Sodo Arbaminch	122	285	67	31	53	29	9	18 9	8.4 3
Total				632	590	265	688	67	22 42	100
%				28. 19	26.3 2	11.8 1	30.69	2.99	10 0	

Tabela A- 36: locais separados pela sua intensidade de tráfego e acidentes registados

R. Não	O nome da divisão de estradas	Distância em km	Intensidade média de tráfego	A gravidade do acidente					total	%
				morte	Ferimento s graves	Ferimentos ligeiros	Danos materiais	desconhe cido		

1	Dukem-Debreziet	10	7512	130	144	43	178	3	498	22.21
2	D/Ziet Modjo	23	6861	86	60	22	154	0	322	14.36
3	Modjo-Zuway	67	1975	122	80	36	131	17	386	17.22
4	Zuway-Bulbula	50	1465	70	39	22	57	0	188	8.39
5	Bulbulla Shashame ne (Tukurwu ha)	66	1442	97	92	41	86	16	332	14.81
total				632	590	265	688	67	2242	100
%				28.19	26.32	11.81	30.69	2.99	100	

Tabela A-37:- Redes rodoviárias na Zona de East Shewa por tipo e comprimento por Km 1997E.C.

Não	Distrito	Kms de asfalto	Kms de gravilha	Estrada rural KMs	Kms de estrada de ferro	Total
1	Ada'a e Liben	29	63	0	28	120
2	Adama	49	26	0	28	103
3	Adami Tullu	39	40	11	0	90
4	Akaki	14	0	0	14	28
5	Boset	50	82	0	33	165

6	Dugida Bora	55	23	60	0	138
7	Fantalle	41	43	0	62	146
8	Gumbichuu	0	17	0	0	17
9	Lume	47	35	0	25	107
	Total	324	329	71	190	914

Fonte: Perfil socioeconómico da zona de East Shewa, 2006

Quadro A-38: Mortes e ferimentos no tráfego rodoviário a nível mundial - 1998

Nações pobres	Número de vítimas mortais	Nações pobres	Número de feridos
Africano	170,118	Africano	6,116,559
Americanos	125,959	Americanos	4,,410,736
China	178,894	China	5,384,909
Mediterrâneo Oriental	70,677	Mediterrâneo Oriental	2,533,771
Europa	106,757	Europa	3,213,104
Índia	216,859	Índia	7,203,864
Sudeste Asiático	118,608	Sudeste Asiático	3,997,631
Pacífico Ocidental	41,165	Pacífico Ocidental	1,432,531
Nação rica		Nações ricas	
Mediterrâneo Oriental	923	Mediterrâneo Oriental	29,979

Europa	66,099	Europa	2,082,321
América do Norte	49,304	América do Norte	1,670,374
Pacífico Ocidental	25,330	Pacífico Ocidental	772,838
Total combinado	1,170,694	Total combinado	38,848,625

Fonte: Relatórios da Organização Mundial de Saúde [OMS] de 1998

Tabela A-39: Distribuição da estimativa de mortes na estrada, veículos a motor e população

Região	Fataliti es	Veículos a motor	População
África Subsaariana	10%	4%	10%
Mundo desenvolvido	14%	60%	15%
Ásia/Pacífico	44%	16%	54%

Doença ou lesão			
Classificaçã o	1998	Classifica ção	2020
1	Infeção respiratória inferior	1	Doença cardíaca isquémica
2	VIH/SIDA	2	Univocal Maior depressão
3	Condição pré-natal	3	Tráfego rodoviário
4	Doenças diarreicas	4	Cerebravasc ular doença
5	Univocal Depressão maior	5	Pulmão obstrutivo crónico

6	Doença cardíaca isquémica	6	Respiratório inferior infecções
7	Doença vascular cerebral	7	Tuberculose
8	Malária	8	Guerra
9	Tráfego rodoviário	9	Doenças diarreicas
10	Doença pulmonar obstrutiva crónica	10	VIH/SIDA

Europa Central e Oriental	12%	6%	7%
América Latina/Caraíbas	13%	14%	8%
Médio Oriente/Norte de África	7%	2%	5%

Tabela A-40: Carga de Doença do Mundo (Daly's Lost) para 10 Causas Principais *Fonte: A 5-Year WHO Strategy for Road Traffic Injury Prevention (2001)*

Tabela A-41: Tamanhos das amostras de inquiridos

R.não	Localização	Tamanho da amostra					Total
		Peão	Ciclista/condutor de carrinhos	Condutores de automóveis	Crianças em idade escolar	Autoridades (polícia)	
1	Gelanto Bishoftu	40	35	40	30	15	160
2	Bishoftu para Mojdo	50	30	31	27	20	158
3	Modjoto Arsinegele	25	27	20	35	13	120
4	Arsinegele para Tukur Wuha	26	15	23	41	11	116

Total	141	107	114	118	74	554

Apêndice II: Factores que resultam em acidentes

A: Collisions due to actions of drivers/riders

1 Tired or asleep
2 Illness
3 Drunk or drugged
4 Speed too great for prevailing conditions
5 Failing to keep to nearside
6 Overtaking improperly on nearside
7 Overtaking improperly on offside
8 Failing to stop at pedestrian crossing
9 Turning round carelessly
10 Reversing carelessly
11 Failing to comply with traffic sign (other than double white line or traffic lights)
12 Failing to comply with double white lines
13 Starting from nearside carelessly
14 Starting from offside carelessly
15 Changing traffic lanes carelessly
16 Cyclist riding with head down
17 Cyclists more than two abreast
18 Turning left carelessly
19 Turning right carelessly
20 Opening doors carelessly
21 Crossing road junction carlessly
22 Cyclist holding another vehicle
23 Not in use
24 Misjudging clearance
63 Failing to comply with traffic lights

26 Crossing road masked by vehicle
27 Walking or standing in road
28 Playing in road
29 Stepping or running into road carelessly
30 Physical defects or illness
31 Drunk or drugged
32 Holding onto vehicle

C: Vehicle lighting

33 Dazzle by other vehicle's lights
34 Inadequate rear lights
35 Inadequate front lights
36 Not in use

D: Collisions due to actions of passengers

37 Carelessly boarding or alighting from bus
38 Falling inside or from vehicle
39 Opening door carelessly
40 Negligence by conductor of bus

E: Collisions due to actions of animals

41 Dog in carriageway
42 Other animal in carriageway

F: Collisions due to obstructions

43 Stationary vehicles dangerously placed
44 Other obstructions

G: Collisions due to defective vehicles

45 Defective brakes
46 Defective tyres or wheels
47 Defective steering
48 Unattended vehicle running away
49 Insecure load
50 Other defects

H: Collisions due to road conditions

51 Pot hole
52 Defective manhole cover
53 Other road surface conditions
54 Road works in progress
55 Slippery road surface (not weather)

her conditions

56 Fog or mist
57 Ice, frost or snow
58 Strong wind
59 Heavy rain
60 Glaring sun

J: Collisions due to other factors

61

K: Collisions due to unknown factors

62

USE 61 OR 62 ONLY IF ALL OTHEF FACTORS ARE INAPPROPRIATE

Apêndice III: Números extraídos dos dados do Valor Numérico

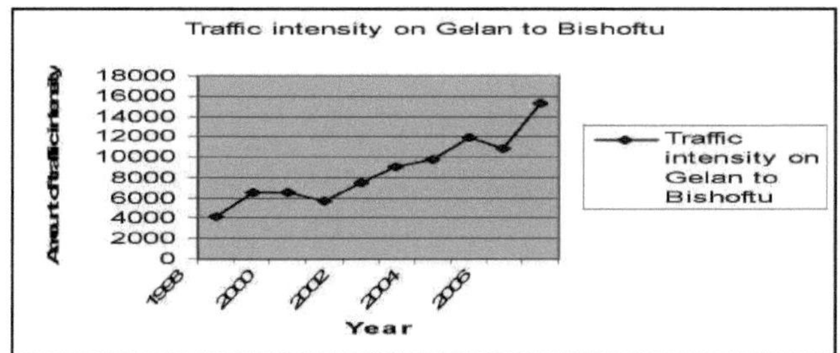

Fig A-1: Intensidade de tráfego de Gelan a Bishoftu

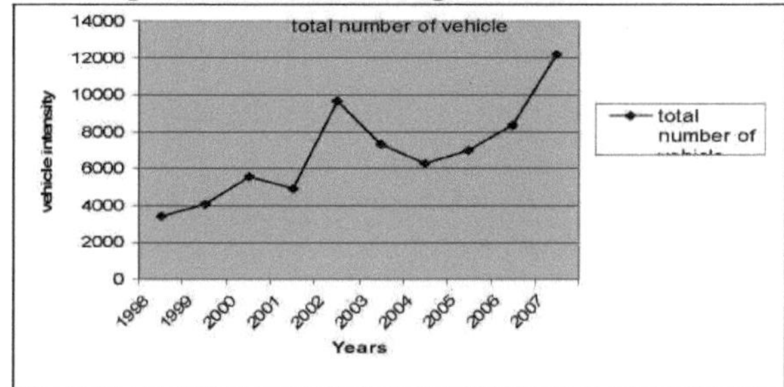

Fig A-2: Intensidade de tráfego de Bishoftu a Mojjo

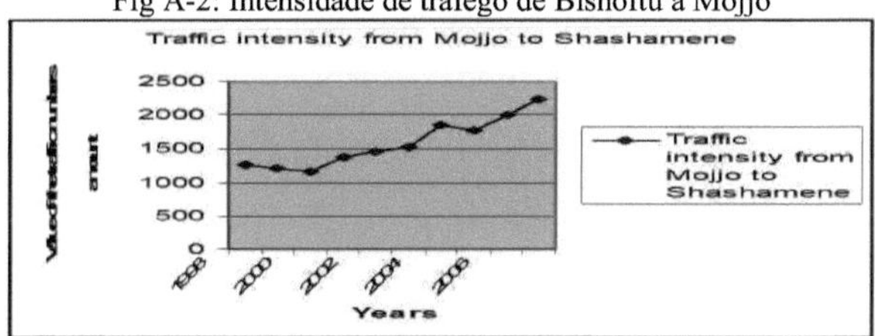

Fig A-3: Intensidade de tráfego de Mojjo a Shashamene

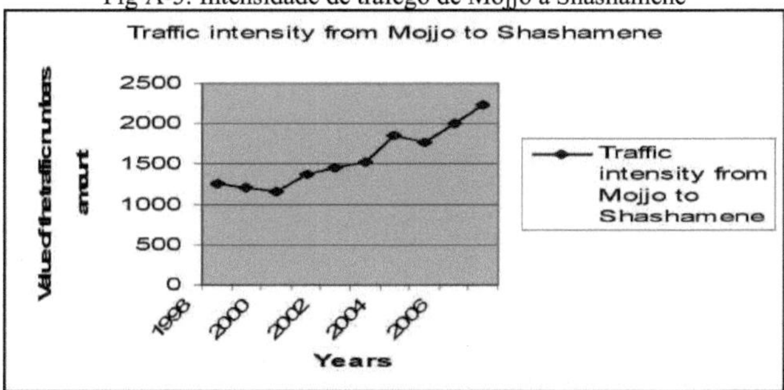

Fig A-4: Nível de intensidade de tráfego de Mojjo a Shashamene

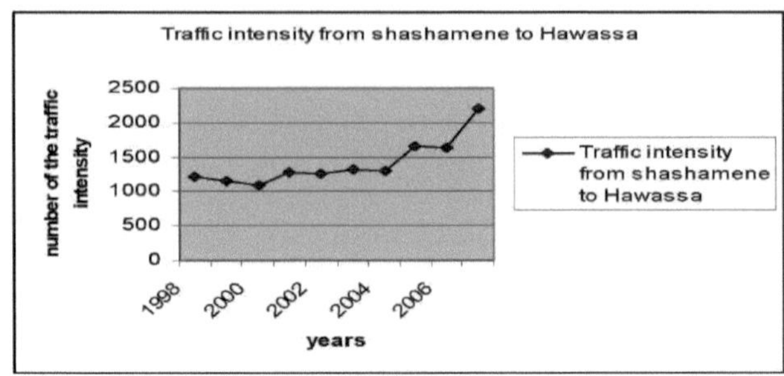

Fig A-5: Intensidade de tráfego de Shashamene para Hawassa

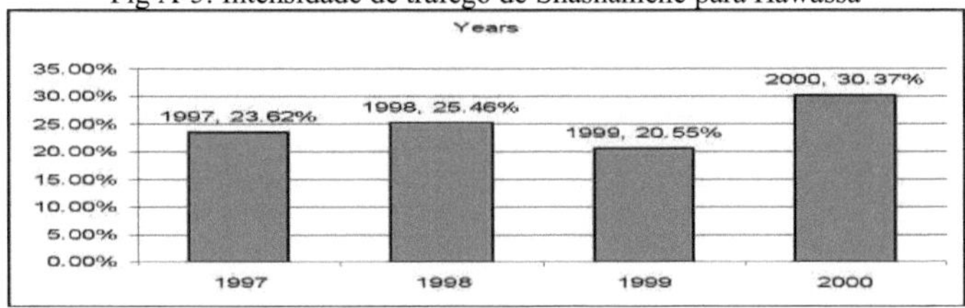

Fig. A-6: Comparação e indicação dos acidentes de viação ao longo de quatro anos

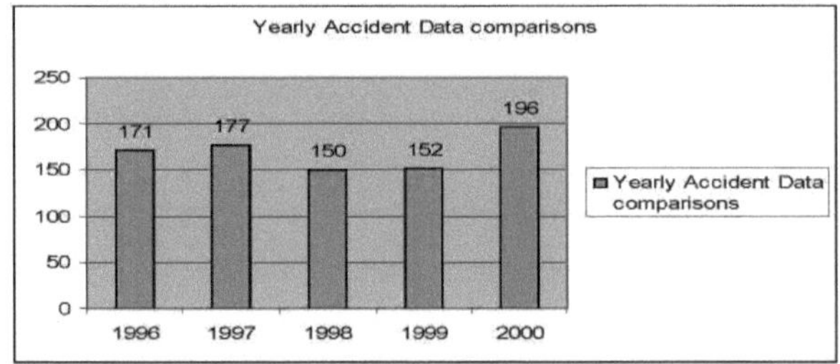

Fig A-7: Acidentes anuais ocorridos nestas rotas

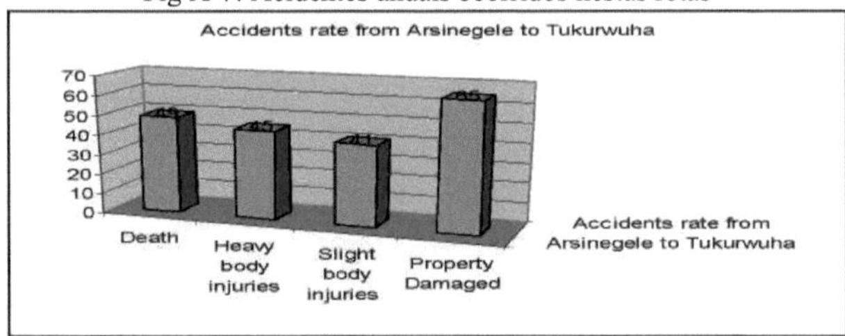

Fig A-8: Gravidade dos acidentes na estrada Arsinegel a Tukurwuha

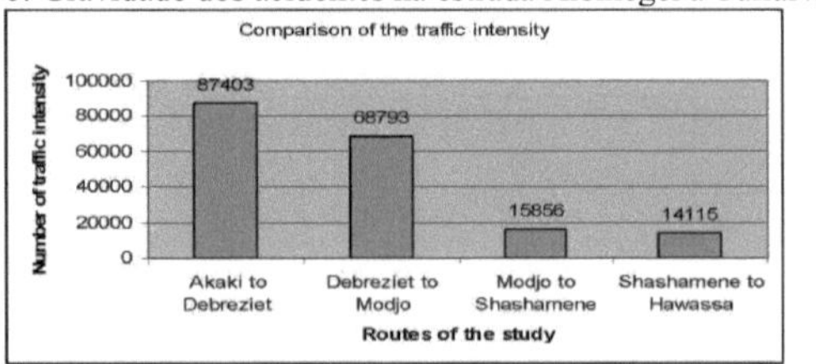

Fig A-9: Intensidade de tráfego global de A.A para Hawassa

Apêndice IV: Dados relativos ao tipo de colisão de veículos

Fig B-2: Colisão frontal de veículos Fig B-3: Um homem vítima de um acidente de viação com a sua bicicleta

Fig B-5: Virar um camião

Fig. B-4: Colisão múltipla de camião com táxi

Fig B-6: Intensidade de tráfego complexo em estradas de veículos com gado

Fig B- 7: A viragem do ISUZU em relação ao excesso de velocidade do veículo na bermuda de Kumbursa

Fig B-8 Veículo acidentado atirado para uma estrada de gravilha

Fig B- 9-Animais expostos a acidentes e mortos

Fig B-10 Veículos e animais nas estradas principais

Fig B-11 Capotamento devido a excesso de velocidade

Fig B-12 Colisão relativa à velocidade do veículo em Ude

Fig B-13 Tipo de ziguezague que é obscurecido pela visão

Fig B-14 Carrinhos com estradas para veículos

Fig B-15 Excesso de carga para além da capacidade

Fig B-16 Os passageiros são carregados no veículo camião/camião

Fig B-17 Os passageiros estão a ser carregados em camiões/veículos pesados

Fig B-18 Sinais das estradas obscurecidas por plantas na rota de Awassa para Dela

Station wagons

pick up capacity 10 Quintal

Heavy load Truck

ISUZU

Bus people transportation

minibus

Fig B-19: Veículos mais comuns responsáveis pela ocorrência de acidentes nas rotas de Gelan a Hawassa

Printed by Books on Demand GmbH, Norderstedt / Germany